（国家自然科学基金面上项目支持，项目编号 51678177）

U0157546

多维适应与综合应变

——体育场馆动态适应性设计机制与对策

罗 鹏 著

中国建筑工业出版社

图书在版编目（CIP）数据

多维适应与综合应变：体育场馆动态适应性设计机制与
对策 /罗鹏著. —北京：中国建筑工业出版社，2020.12
　ISBN 978-7-112-25694-5

　Ⅰ.①多…　Ⅱ.①罗…　Ⅲ.①体育馆—建筑设计—研究
②体育场—建筑设计—研究　Ⅳ.①TU245

中国版本图书馆CIP数据核字（2020）第240802号

责任编辑：陆新之　李　东　边　琨
责任校对：李美娜

多维适应与综合应变
——体育场馆动态适应性设计机制与对策
罗　鹏　著
＊

中国建筑工业出版社出版、发行（北京海淀三里河路9号）
各地新华书店、建筑书店经销
北京点击世代文化传媒有限公司制版
北京建筑工业印刷厂印刷

＊

开本：787毫米×1092毫米　1/16　印张：12　字数：240千字
2020年12月第一版　2020年12月第一次印刷
定价：66.00元
ISBN 978-7-112-25694-5
　　　（36695）

前　言

1949年至今，特别是改革开放后的40年间，我国体育场馆建设取得了辉煌成就，但也面临可持续发展的巨大挑战。一方面，随着数字信息技术的快速迭代，社会发展速度史无前例；另一方面，我国体育发展模式正处在改革、转变的过程中，体育产业发展迅速但尚未达到成熟稳定的阶段；此外，体育场馆作为一种特殊的建筑类型，其自身具有赛时与赛后功能转换，多功能使用的特性。本书针对当代语境下我国体育场馆的科学建设与可持续发展问题，基于复杂系统科学，结合对动态与适应辩证统一关系的分析，提出了体育场馆动态适应性设计理论；进一步建立了动态适应性设计程序与方法；在此基础上，从规划、建筑设计与技术应用三个层面，建构了"整体和谐""多维适应"和"集成应变"的动态适应性设计策略体系。

全书共分为五章，第一、二章为理论建构，第三章至第五章为设计策略。第一章首先从我国体育场馆发展的当代语境分析入手，结合对体育场馆发展历程的总结，提出了我国体育场馆存在的问题，进一步阐释体育场馆动态适应性设计的相关概念，解析了其观念构成和思想内涵，梳理了建筑领域的相关理论与实践探索。第二章通过系统模型对动态适应框架下人、建筑、环境三位一体的系统关系进行分析，进而探讨了动态适应的基本运行规律，提出了动态适应性设计原则、设计程序与设计方法。第三章从体育场馆与城市关系的角度，提出了"和谐共生"的环境应对策略，"统筹平衡"的网络建设策略和"互动生长"的动态发展策略，在宏观维度建构了体育场馆动态适应性设计策略体系。第四章针对功能与空间设计，探讨了体育场馆功能与空间的关联关系与适应机制，提出了"多元综合"的功能组织策略，"灵活应变"的空间设计策略和"绿色高效"的生态适应策略，建构了中观维度体育场馆的动态适应性设计策略体系。第五章从技术层面，架构了体育场馆动态适应性设计技术体系，分类总结了"空间应变技术""生态节能技术"和"智慧场馆技术"的技术措施，提出了技术集成应用的指导原则，并对技术的发展进行了展望，在微观维度建构了体育场馆的动态适应性设计策略体系。

本书是笔者在既往研究的基础上，结合多年在体育建筑领域的教学和设计实践，面向新时期我国社会发展的新需求与新趋势，针对体育场馆设计及运营使用中存在的老问题与新挑战的进一步思考与总结。希望抛砖引玉，与业界同仁共同探索适合我国国情的体育场馆科学、可持续发展之路。

罗鹏

2020 年 10 月

目　录

第一章

体育场馆动态适应性设计的概念与理论

第一节　研究背景

一、当代体育场馆发展的语境分析

（一）数字信息时代社会的快速发展

随着人类步入信息社会，人工智能、大数据、物联网、云计算等数字信息技术以史无前例的速度蓬勃发展。信息高速公路在城市内部、城市与城市之间、区域与区域之间，进而在地球上形成网络；智慧城市成为城市发展的新方向，数字设计、3D 打印、智慧建造成为建筑设计和建造的新方法与新手段；而以声音、文本、视频、动画、通信一体化的信息处理和表现技术为核心内容的多媒体信息技术则更直接地影响着人们的工作与生活。显然，信息革命已极大地改变了人类社会的生产和生活方式，由此也改变着城市和建筑的面貌。

随着信息社会的深化发展，人们的观念和整个知识领域变革也愈加强烈。在认识论上正在从否定和矛盾的时代，转向包含有否定和矛盾的时代；从亚里士多德和康德的领域，转向非亚里士多德和康德的领域；由布鲁巴基体系转化为非布鲁巴基体系。整个知识体系都发生了结构性的变化，耗散结构、非线性、混沌学等成为现代科学研究的前沿。人类对客观世界的认识正在从片面走向整体、从简单走向复杂、从对立走向协调、从静止走向可持续发展。

总之，在新时代不仅社会、经济和人们的生活方式会发生变化，而且人们的世界观和知识体系也将发生重大转变，人类将更加频繁地经受变化的冲击。时间效率概念使社会生活的节奏大大加快；科技进步的步伐使得许多"最新成果"转眼即成"明日黄花"；社会生产或生活时尚的变化频率之快是以往任何时代所无法比拟的；可以说"变化"将是信息时代的重要主题，这一切无疑将深刻影响到城市和建筑的存在方式。任何一座城市或建筑自其开始营建之日起就开始了自身变化发展的过程，而在信息时代这种类生命体的特征将日益凸现，并且会节奏加快、周期缩短。这给城市规划和建筑设计，提出了新的要求与挑战。因此，必须加强设计中关于"变"与"应变"的研究，为城市和建筑共时态的多样性和历时态的可变性、生长性提供理论基础和实践经验，使我国的城市和建筑走上与信息时代相对应的可持续发展之路。

（二）环境危机与可持续发展

当代社会，随着"人口爆炸"、能源枯竭、生态破坏、环境污染、气候变化等问题的日益突出，环境危机无时无刻不在威胁着人类的生存和发展。2020年席卷全球的新型冠状病毒肺炎疫情，又一次暴露出了人类社会脆弱的一面。在科技高度发达的今天，环境问题不但没有减少，反而更加严重，成为当代社会不可回避的挑战。

环境危机与能源危机密不可分。1973年之前，全球范围内大肆鼓励消费以刺激生产，建筑在这样的社会背景下片面依赖技术设备，全天候空调、全玻璃幕墙等以高能耗为代价换取舒适的室内环境一度成为建筑的主流。直到1973年第一次石油危机的爆发，使得依赖大量能源支持的人工舒适环境遭受重创，生态节能的设计思想逐渐发展并成为建筑界关注的重点。在当代，可持续发展已经成为建筑领域的共识，其内涵不断深化，外延不断扩展，形成了集生态、绿色、健康、安全为一体的多元结合系统理论。在世界许多国家和地区绿色建筑评价标准已经得以推行，绿色建筑理论、设计方法和技术手段不断丰富、完善。作为人类现代文明代表的现代奥林匹克运动会，更是提倡绿色理念，进一步推动了其在体育建筑领域的探索和实践。近年来，随着对人类健康问题的关注，健康城市、健康建筑理念开始兴起并越来越受到重视。面对生态环境的挑战，绿色、健康、可持续发展在当下和未来相当长的时间里将始终作为人类社会发展的重要主题，影响着人类社会的发展方向。

（三）体育社会化与产业化的发展与转变

我国社会和经济发生了巨大变化，体育的社会角色、管理体制、发展模式也在不断变革，体育产业的重要性日益突显，与全民健身、竞技体育共同成为驱动我国体育事业发展的"三驾马车"。

20世纪世界体坛最显著的发展特征就是风起云涌的体育社会化、产业化浪潮。欧美发达国家的体育产业从20世纪60年代开始起步，到20世纪70年代伴随着全球性产业结构的调整，表现出强劲的发展势头。美国在20世纪90年代中叶，体育产业的年产值已经达到1500多亿美元，超过了化工、机械、电子等重要工业部门的产值；在同一时期，意大利体育产业的年产值为128亿美元，已跻身国民经济十大重要部门之中；英国在20世纪90年代初的体育产业年产值已超过100亿美元，超出了汽车和烟草等行业产值。

我国体育的社会化、产业化与欧美相比起步相对较晚，但发展迅速。从1992年原国家体委把体育"产业化"定为体育改革的方向开始，1993年发布了《关于培育体育市场，加快体育产业化进程的意见》，确定了体育事业要"面向市场，走向市场，以产业化为方向"的基本思路；1996 年颁布了《体育产业发展纲要》，提出全民健身、奥运争光和体育产业化为"体育工作的三大支柱"，战略性地指明了中国体育事业发展的方向，体育开始从计划经济体制下单纯依靠国家拨款的"清水衙门"转变为具有巨大经济价值和开发潜力的新兴产业。

近年来，在我国经济新常态的背景下，为充分发挥体育产业在国民经济中的作用，2014 年国务院发布《关于加快发展体育产业促进体育消费的若干意见》，将发展体育产业上升到国家战略层面。2016 年，国家体育总局发布《体育产业发展"十三五"规划》，提出到 2020 年我国体育产业总体规模超过 3 万亿元，从业人员数超过 600 万人，体育消费额占人均居民可支配收入比例超过 2.5%。同年，国务院办公厅印发了《关于加快发展健身休闲产业的指导意见》。2017 年国务院政府工作报告中提出"统筹群众体育、竞技体育、体育产业发展"；2018 年明确了体育产业与"智能产业""互联网 +"的融合发展方向，确立推进体育改革，支持社会力量提供体育服务。上述一系列的政策与措施，使得我国体育产业的发展目标和发展路径更为清晰与明确，即以供给侧改革为主线，积极提供体育服务，重视与突显社会力量、社会领域的作用，强调政府、社会、市场的三位一体。我国体育产业的领域不断拓展，发展规模不断扩大，产业质量有所改善，产业效益明显增高，在我国经济体系中，已经构成了一个独具特色的产业门类。随着社会的发展，体育产业将成为由众多的主体产业和相关产业构成的综合性的系统工程，它兼具公益性和商业性的特点，正在形成越来越广阔的市场。

基于以上背景分析，不难发现，当代社会在数字信息技术的推动下，社会环境持续快速变化；同时资源、环境等一系列问题突显，并已经成为制约人类社会健康、可持续发展的巨大障碍。体育在社会发展中所发挥的作用愈加重要，其内涵与外延不断扩展，形成了与社会紧密联系的复杂系统。在此情况下，体育场馆建设既面临机遇又伴有挑战，时代的发展呼唤更新建筑设计理念及设计方法以适应社会客观环境的发展需要。

二、体育场馆的发展历程与时代特征

体育是人类文明的有机组成部分，具有悠久的历史和曲折的发展历程。作为体育运动的物质空间载体，体育场馆的产生和发展也源远流长，伴随着人类社会的进步而不断演进，在不同时代背景下体现出不同的建筑特征。在当代社会语境下，体育场馆被赋予了更加丰富的内涵，已经在全世界范围内成为与现代社会政治、经济、文化和生活密切相关的城市重要公共建筑设施。当代体育场馆的设计与建设，应在承续体育场馆发展脉络的基础上，尊重体育场馆发展规律，顺应时代潮流，对当代体育场馆所面临的可持续发展问题做出探索与解答。

（一）体育场馆的发展历程回顾

1. 古代体育场馆的起源与发展

体育场馆是随着社会生产力和体育运动的发展逐渐发展起来的，并与各个历史时期的社会需求紧密相关。人类初期体育活动的目的是为猎取更多的猎物以求生存。随着社会生产力的发展、科学技术的进步，人类社会的文明程度进一步提高，为了举行宗教庆典及满足运动和观赏的要求而进行人与人、人与兽比赛，各种格斗活动逐渐盛行，并发展为大规模的运动会。体育场馆就是为了满足举办这些活动而修建的各种建筑及场地设施。

有史可考的最早的古代运动会是始于公元前776年的古代奥林匹克运动会。最初运动员是在草地上进行竞赛，而观众是站在山坡上观看的。后来随着祭祀、竞技活动开展的需要，逐渐在奥林匹亚修建了各种类型的神殿、体育场、训练馆和其他一些辅助性建筑物。最早的体育场是公元前3世纪由古希腊人修建的，它有一个矩形场地，跑道的起跑线和边线都是用石条铺成的，四周有依天然慢坡修建的看台，可容纳4.5万名观众。南侧有贵宾席，西侧有柱廊和运动员入口，与现代体育场形制极其相似。最早的体育馆建于公元前2世纪，是古希腊人在奥林匹亚建造的一座长方形走廊式的建筑，四周均以白色石柱围合，中间的露天场地是运动员们进行训练和比赛的场所（图1-1）。

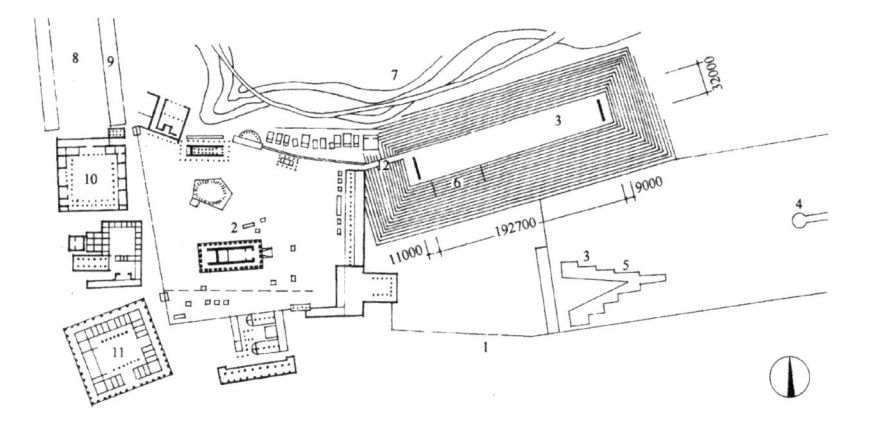

图1-1 奥林匹亚总平面图

（图片来源：北京市建筑设计院.体育建筑设计.中国建筑工业出版社，1985：2）

古罗马时期，随着建筑技术的发展和社会制度、体育活动性质的改变，体育场馆的型制与古希腊时期相比也有了较大的改变，表现为更加重视观众的观赏需求，看台设施进一步完备，场地形状由矩形转变为椭圆形等。古罗马时期修建的体育场馆，遗留下来最古老的是庞贝露天竞技场。该竞技场建于公元前80年，其表演场地在地坪以下，呈椭圆形，可容纳2万名观众。现在已发掘出的古罗马时期修建的这种建筑遗址，在欧洲、非洲之间约有75处。保留最完整的是罗马考罗索姆竞技场。该竞技场建于公元69～81年，可容纳观众5万人。此竞技场有近60排看台，由下到上分为5个区，每区都有自己的通道和疏散楼梯直接通向对外的80个出入口。就建筑技术而言，它可以说是罗马帝国时期的代表作（图1-2）。

欧洲中世纪神权昌炽，由于教皇反对体育运动，体育场馆也让位于宗教庙宇。直到

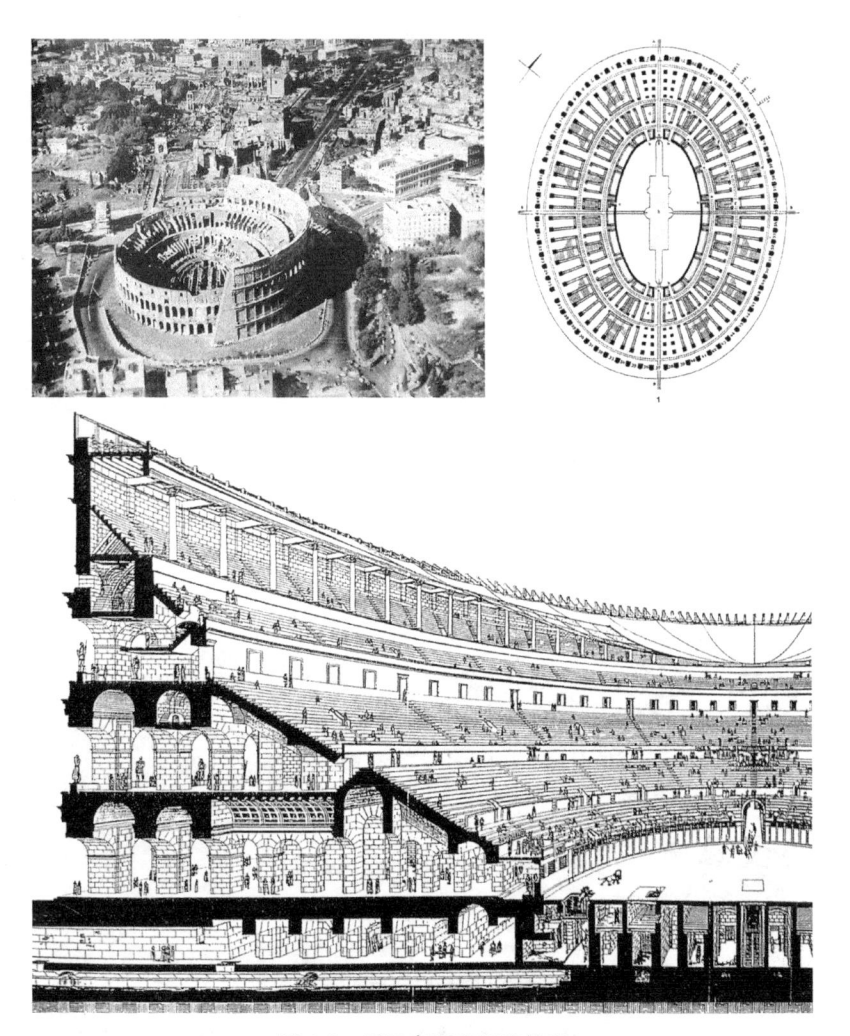

图1-2 罗马考罗索姆竞技场

（图片来源：Katherine E. Welch，The Roman Amphitheatre-from Its Origins to the Colosseum，Cambridge University Press，128-140）

10 ~ 11 世纪，宫廷开始大兴骑术之风，随之欧洲诸侯宫廷也开办了很多骑术、剑术学校。1800 年，德国人弗路雅恩开始倡导体操运动，建造了第一个风雨操场。1894 年经法国人顾拜旦发起，第一届现代奥运会于 1896 年举办，在此以后体育场馆的发展步入了一个新的历史阶段。

2. 现代体育场馆的发展历程

现代大型体育场馆是伴随着现代奥运会等大型国际体育运动会的兴起而快速发展的，技术革命和社会的发展为其提供了强大的推动力。其发展历程大致可分为四个阶段：初级阶段、定型阶段、大规模建设阶段和可持续发展阶段。

（1）初级阶段（19 世纪末至 20 世纪初）

这一时期，奥运会等大型体育运动会正处于恢复和初创阶段，尚未得到社会的普遍重视与接受，建筑师也并未把主要注意力投注于此，建筑与科学技术的新成果尚未在大型体育建筑中得到充分应用。同时，这一时期的大型体育建筑古典风格浓郁，尚未形成现代大空间公共建筑自身独特的建筑语言。

1896 年在雅典举行的第一届现代奥运会的主体育场潘拉辛尼亚体育场，是在一个古代体育场的基础上改建而成的，建筑保持了与整座城市一致的古典风格，有 47 排看台，可容纳 6 万名观众（图 1-3）。1908 年英国人为迎接第 4 届奥运会在伦敦建造的白城体育场（图 1-4），是第一个现代风格的体育场馆。它运用了当时新兴的现代化建筑材料——钢筋混凝土，其简洁的结构与形态为现代体育场馆树立了范例。

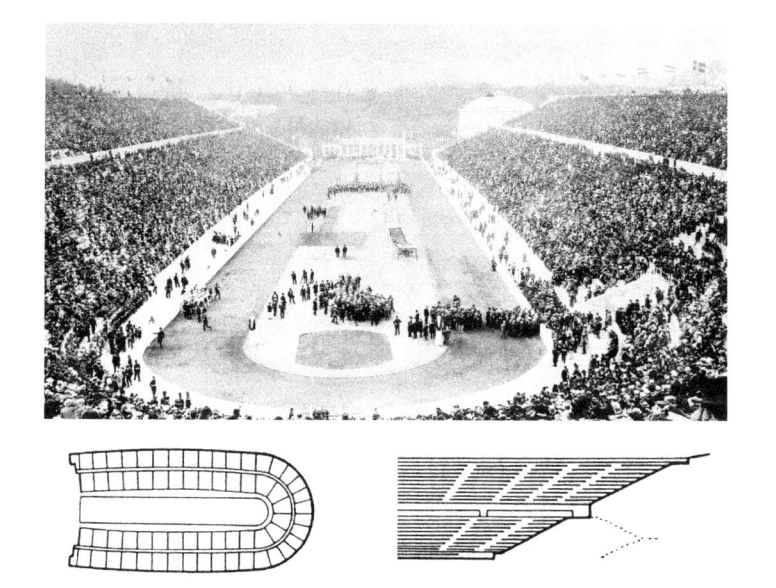

图 1-3　雅典潘拉辛尼亚体育场

（图片来源：https：//image.baidu.com）

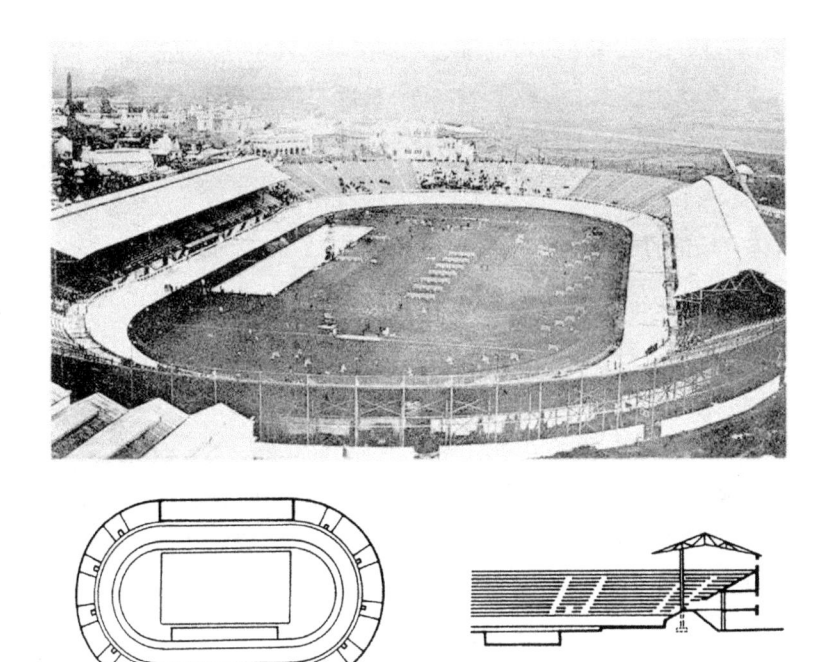

图 1-4　伦敦白城体育场

（图片来源：Geraint John&Rod Sheard. Stadia A Design and Development Guide . Architectural Press, 2000：6）

　　处于初创期的现代体育场馆设施简陋，场地质量低劣，观众席一般无顶棚或仅贵宾席设置简易顶棚。并且，由于体育工艺尚处于形成和发展期，体育场馆型制尚不确定，这一点从第一届到第五届奥运会体育场跑道的长度变化既可见一斑（表 1-1）。

　　（2）定型阶段（20 世纪 20 年代至 50 年代）

　　这一时期，大型体育场馆的发展并未因为两次世界大战而停止，相反随着国际体育运动的发展和奥运会等大型国际运动会逐渐走向正规，大型体育场馆受到了进一步的重视和发展，其场地型制、空间形态和功能结构基本定型。

第 1 ~ 5 届奥运会田径跑道周长一览表				表 1-1
届次	年代	地点	场馆名称	跑道周长（m）
1	1896	雅典	潘拉辛尼亚体育场	333.33
2	1900	巴黎	法国赛马俱乐部跑马场	500.00
3	1904	圣路易	华盛顿大学圣路易斯分校运动场	536.45
4	1908	伦敦	白城体育场	536.45
5	1912	斯德哥尔摩	柯罗列夫运动场	383.00

资料来源：Wimmer.M.Olympic Buildings, 1990：28

1920 年安特卫普奥运会第一次使用了 400m 跑道作为径赛场地。1928 年，国际奥委会正式将拥有 400m 跑道的体育场列为主办城市必须予以保证的条件。从此，400m 跑道成为体育场的标准配置，在世界范围内推广开来。同时，随着技术的进步和空间结构的发展，许多体育比赛项目转向室内进行。1936 年，柏林建造了第一个现代体育馆；1948 年，游泳比赛也转入室内，各种类型的室内体育场馆相继出现。

在这一阶段，随着国际体育比赛规模的发展和其对体育场馆种类和数量需求的增加，体育场馆之间的组织形式、相互关系和辅助设施得到深化发展，出现了"体育中心"这一新的体育场馆集群规划模式。1924 年第八届奥运会，巴黎建造了现代奥运史上第一个奥林匹克中心——哥伦布体育中心。它主要包括奥林匹克主体育场、游泳池、带看台的网球场及一些训练场地。此后，在阿姆斯特丹、洛杉矶、柏林等地也都纷纷建设了大型体育中心。

这一时期体育场馆的建筑风格初步摆脱了古典主义的束缚，以民族风格与现代风格相结合为主。1920 年安特卫普奥运会的比尔斯格特体育场和 1936 年柏林奥运会的主体育场具有较为浓郁的民族主义风格，而 1924 年巴黎奥运会的科隆比斯体育场则具有明显的新功能主义建筑风格，被认为是现代体育场馆的典范。1932 年洛杉矶奥运会主体育场，更是摆脱了古典主义的传统影响，成为现代主义建筑风格的代表。

总体来说，这一阶段的体育场馆与上一阶段相比，在规模、数量和质量上都有巨大的提高，形成了独立的建筑类型，基本明确了现代体育场馆的空间结构框架，为体育场馆的大发展奠定了基础。但是，这一阶段体育场馆的设计建设，主要注意力还只局限于建筑自身，建筑与城市、建筑与自然环境等问题尚未得到深入思考。

（3）大规模建设阶段（20 世纪 60 年代至 90 年代）

从 20 世纪中叶起，医治了二战创伤的欧、亚各国开始了新一轮的经济建设，特别是始于 20 世纪 50 年代世界范围的科技革命浪潮为体育场馆建设注入了新的活力。经济和科技的飞速发展使人类社会发生了巨大变化，体育场馆作为国家政治、经济、科技实力的象征得到了空前发展。在体育场馆自身不断完善和深入发展的同时，其外延也不断扩展，取得了多方面的璀璨成果。

第一，体育场馆建筑规模不断扩大，建筑类型和种类丰富多样。

1960 年罗马奥运会建造了能容纳 10 万人的奥林匹克体育场和容纳 1.2 万人的体育馆；1964 年东京奥运会建造了拥有 1.5 万个座席的代代木游泳馆；1968 年墨西哥奥运会的主体育场达 11 万席，同时还建造了 10 万人的足球场及多座万人以上的体育馆。到 1972 年德国慕尼黑奥运会和 1976 年加拿大蒙特利尔奥运会，这一趋势达到了高潮，两国分别投入巨资修建了大规模的奥林匹克中心。但盲目的狂热也带来了苦果，蒙特利尔为修建奥运会体育设施所产生的财政赤字直到 20 多年后才得以还清，给城市发展和人民生活带来了巨大的负面影响，也使国际体育场馆的发展经历了波折。此后，体育场馆建设在大型化的同时逐步走向科学化和理性化。

此外，随着奥运会比赛项目的增多和国际各类单项体育赛事的发展，体育场馆的类型和种类迅速增加。冰上、水上、室内、露天各类体育场馆类型多样、丰富多彩（表1-2）。

1960 ～ 2000 年历届奥运会信息统计表　　　　　　　　　　　　　　表 1-2

名称	届数	比赛项目数量	代表性场馆	参赛国家（地区）数量	参加人数
1960 年罗马奥运会	第 17 届	17（大项）150（小项）	罗马小体育馆，罗马体育馆	83	5338
1964 年东京奥运会	第 18 届	19（大项）163（小项）	东京代代木体育馆、游泳馆	93	5151
1968 年墨西哥城奥运会	第 19 届	20（大项）	墨西哥卡拉塔纳体育馆	112	5516
1972 年慕尼黑奥运会	第 20 届	23（大项）195（小项）	慕尼黑奥林匹克公园	121	7123
1976 年蒙特利尔奥运会	第 21 届	21（大项）198（小项）	蒙特利尔梅宗涅夫体育中心	92	6084
1980 年莫斯科奥运会	第 22 届	21（大项）203（小项）	列宁中央体育场	80	5179
1984 年洛杉矶奥运会	第 23 届	21（大项）221（小项）	洛杉矶纪念体育场	140	6829
1988 年汉城奥运会	第 24 届	25（大项）237（小项）	汉城奥运会体操馆、击剑馆	159	8465
1992 年巴塞罗那奥运会	第 25 届	28（大项）257（小项）	巴萨罗那奥运会圣约迪体育馆	169	9356
1996 年亚特兰大奥运会	第 26 届	26（大项）271（小项）	亚特兰大穹顶	197	10788
2000 年悉尼奥运会	第 27 届	28（大项）300（小项）	悉尼奥运会主体育场、悉尼奥运会水上运动中心	199	10651

资料来源：根据网络资料作者整理

第二，体育场馆建筑技术突飞猛进。

这一阶段，新技术、新材料被广泛应用于大空间建筑领域，设计思维活跃、力求新颖，在现代建筑史上留下了技术与艺术完美结合的光辉一页。如奈尔维运用混凝土薄壳结构设计的 1960 年罗马奥运会大、小体育馆；丹下健三运用悬索结构设计的 1964 年东京奥运会代代木游泳馆和篮球馆；弗莱·奥托运用索网结构设计的 1972 年慕尼黑奥运会奥伯维森奥林匹克公园；泰雷伯尔设计的装配式钢筋混凝土结构的 1976 年蒙特利尔奥运会梅宗涅夫体育中心；盖格尔设计的张拉整体结构的 1988 年汉城奥运

多维适应与综合应变——体育场馆动态适应性设计机制与对策

会击剑馆和体操馆等。这些杰出的体育建筑作品不但建筑造型新颖、结构先进，而且集中应用了大量先进的现代化设备。体育场馆已经成为新理念、新结构、新技术和新材料集中的前沿性建筑类型，作为国家经济实力和技术实力的象征，受到全社会的瞩目（图1-5～图1-10）。

图1-5　罗马大体育馆　　　　图1-6　罗马小体育馆　　　图1-7　东京代代木体育中心

图1-8　慕尼黑奥林匹克公园 图1-9　蒙特利尔梅宗涅夫体育中心　　图1-10　汉城击剑馆

第三，开始注意场馆赛时与赛后多功能使用。

随着体育场馆投资的增加和规模的不断扩大，场馆的经营和资源的有效利用问题受到重视。20世纪60、70年代体育产业和群众体育健身热潮的兴起更提出了场馆多功能利用的要求。体育场馆特别是大型体育场、体育馆由专门为体育比赛服务转变为以体育比赛为主，同时满足集会、展览、文艺演出、群众健身娱乐等多种功能需求的大空间建筑综合体。如1983年建成的日本大阪城体育馆，它设有9000个固定座席、4000个活动座席，可进行田径、冰球、篮排球、网球、体操、集会、展览、文艺演出等活动。

第四，开始重视体育场馆对城市环境的影响。

20世纪60、70年代开始，伴随欧美各国经济的发展、财富的激增，掀起了大规模的城市环境改造浪潮。同时，奥运会等国际综合体育赛事规模的不断膨胀，使体育场馆建设越来越重视对城市环境的影响。利用体育场馆的建设推动城市整体开发成为赛事主办城市普遍关注的问题。1980年莫斯科奥运会，苏联将体育场馆的建设纳入了国家"九·五"计划，并成为莫斯科城市发展总体规划实施的重要阶段，体育场馆与城市总体规划相结合，取得了巨大的成功。当时的罗马、东京、汉城、广岛等许多城市，都利用举办国际大型体育比赛的机会，通过体育场馆的建设带动了城市的整体发展与改造。在这期间，许多发达国家还逐步建立健全了一整套控制体育场馆建设、运营的规范标准和法律法规，以使体育场馆设计、建设、经营管理系统化、科学化，实现大型体育场馆与城市的和谐发展。

（4）可持续发展阶段（20 世纪 90 年代至今）

进入 20 世纪 90 年代后，环境污染和能源危机的问题日渐突出。大型体育场馆因消耗巨大的能源、材料及财力、人力并对环境影响巨大而引起越来越多的关注。1994年在挪威利勒哈默尔举行的冬奥会以"绿色奥运"为口号，为体育场馆发展翻开了新的一页。主持场馆设计的挪威女建筑师向国际奥委会提交了题为"环境的挑战"的报告，将体育场馆的设计理念拓展到环境保护与可持续发展的领域。1998 年在日本东京举行了以"寒冷积雪地区的体育设施"为题的国际学术会议，会议回顾了 1998 年长野冬奥会体育场馆的建设，并进一步讨论了"大型体育设施建设的可持续发展和环境保护"等方面问题。2000 年悉尼奥运会，以"绿色奥运"为主题，大规模提倡生态环保技术和可持续发展原则，将体育场馆建设与城市生态环境整治和城市土地资源再生相结合，并在场馆规划、设计、建设和运营过程中注意环境保护和节约能源，大量应用可再生材料、绿色能源和生态环保技术，取得了巨大的成功。进入 21 世纪，信息、智慧和生态成为时代的主题，可持续发展已经成为体育场馆设计建设的普遍性问题，2004 年雅典奥运会、2008 年北京奥运会、2012 年伦敦奥运会和 2016 年里约热内卢奥运会，都对其高度重视。特别是 2012 年伦敦奥运会，在这方面做得尤为突出。不但结合奥运会制定了奥林匹克公园所在区域长期的发展计划，还注重生态恢复，大量应用临时场馆和可动设施实现赛时与赛后的综合利用与转换。近年来，随着数字、信息技术的突飞猛进，以移动互联、大数据、云计算、人工智能、虚拟仿真、BIM 等数字信息技术为核心的"智慧场馆"方兴未艾，更进一步提升了体育场馆设计、建造与运营管理水平。体育场馆作为集当代社会前沿理念与先进技术的公共建筑类型，在当代展现出与人类社会新发展趋势高度契合的特征，随着社会的发展向更高级的形式不断演进（图 1-11 ～图 1-15）。

图 1-11　悉尼奥运会主体育场

图 1-12　雅典奥运会主体育场

图 1-13　北京奥运会主体育场

图 1-14　伦敦奥运会主体育场　　　　图 1-15　里约热内卢奥运会主体育场

（二）当代体育场馆的特征与发展趋势

通过对体育场馆发展历程的回顾不难发现，体育场馆具有以下特征：

第一，体育场馆的发展与社会经济、政治、科技、文化发展紧密结合、息息相关。无论是古希腊的奥林匹亚、古罗马的竞技场，还是现代体育场馆，都是其所处时代的经济条件、政治制度、科技水平和社会文化的真实反映。同时，作为较高级的建筑类型，大型体育场馆的建设、运营与发展有赖于社会各方面的支持。

第二，体育场馆的发展是由简单到复杂、由一元到多元、由低级到高级、由个体到整体的动态发展过程。如同生物由单细胞到多细胞、由低级到高级的进化过程，伴随体育场馆的发展，其建筑形态、空间结构、功能组成、技术设备等各方面都发生了巨大的变化。

第三，现代体育场馆在个体不断完善发展的同时，其外延不断扩大，向建筑与环境、建筑与社会和建筑与人整体和谐发展的方向迈进。"适者生存"，是自然界的普遍规律，作为人类社会这个复杂巨系统的子系统，现代体育场馆在早期经历了自身系统的建立和完善过程之后，与环境各要素的关联程度愈加紧密，其设计的重点逐步转向建筑与环境的整体发展、协同作用。具体表现在建筑与自然的整体和谐、建筑与城市的协同发展、建筑与技术的紧密结合、建筑对社会发展的适应和建筑对人的关注等几个主要发展方向。

第四，技术进步对体育场馆的发展具有巨大的、直接的推动作用，是体育场馆发展的基础和前提。薄壳、网架、悬索、膜结构等现代空间结构技术和新型材料的产生与应用，极大地推动了体育场馆的发展，使体育场馆在空间尺度、空间品质等方面都发生了质的变化。同时，生态、数字、信息、智能控制等大量现代高科技也都应用于体育场馆，可以说现代体育场馆是伴随着现代科学技术的发展而产生和发展的，是现代科学技术应用于建筑领域的前沿。

总之，体育场馆对所处时代的自然环境和社会环境具有强烈的适应性，并随着时代的发展、环境的改变而发展变化。在科学技术高度发达和人类认知水平空前提高的现代社会，它表现出关联范围越来越广、复杂程度越来越高和发展变化速度越来越快的特征与发展趋势。

三、我国体育场馆的发展现状与存在问题

（一）我国体育场馆的辉煌成就

与国际相比较，我国体育场馆建设虽然起步较晚，但经过多年的不懈努力，建设水平已有了质的飞越，许多方面已经达到世界先进水平，取得了辉煌的成就。

辉煌的成就首先表现在体育设施数量的巨大增长。1949 年中华人民共和国成立时，我国只有 2855 个体育场地，数量少、质量差。70 多年后的今天，以我国成功举办 2008 年夏季奥运会、即将举办 2022 年冬奥会为标志，我国体育设施建设取得了巨大的成就。根据"第六次全国体育场地普查"结果，截至 2013 年 12 月 31 日，全国共有体育场地 169.46 万个，用地面积 39.82 亿 m^2，建筑面积 2.59 亿 m^2，场地面积 19.92 亿 m^2。其中，室内体育场地 16.91 万个，场地面积 0.62 亿 m^2；室外体育场地 152.55 万个，场地面积 19.30 亿 m^2。以 2013 年末全国总人口 13.61 亿人计算，平均每万人拥有体育场地 12.45 个，人均体育场地面积 $1.46m^2$。

其次，我国体育场馆类型丰富多样。新中国成立之初，体育设施的主体是露天篮排球场和简易运动场，约占全部体育设施的 85% 以上，类型单调、品种贫乏。经过 70 多年的发展，今天我国不仅拥有大量的各种田径场、足球场、篮排球场、网球场，而且还有许多现代化的大型体育场馆。全天候的体育馆、游泳馆、全民健身馆和各种训练房、健身房已遍布全国各大中城市。室内滑雪场、速滑馆、自行车比赛场、专业足球场、射击馆、F1 赛车场等世界级高端体育设施也已在我国屡见不鲜。今日中国，体育设施已基本包括了国际流行的各种类型，为承接各种体育比赛创造了条件，并为进一步开发体育资源拓宽了道路。

此外，场馆的质量显著提高。随着经济的发展和生活水平的提高，越来越多的运动项目被纳入室内，为全天候开展体育运动创造了条件。改革开放前，我国室内体育场馆仅占体育设施的 1.2%，到 2013 年底上升到接近 10%，近几年又有较大幅度的提高。同时，设施规模不断扩大。我国已建成数十座国际标准的 5 万人以上大型体育场，遍布北京、上海、广州、深圳、武汉、重庆、杭州、南京、沈阳等地。北京成为世界上第一座既举办过夏季奥运会又将举办冬季奥运会的城市。此外，广州亚运会、深圳世界大学生运动会、武汉世界军人运动会和即将举办的杭州亚运会等都建设了一大批大型现代化体育场馆。这些场馆都装备有高质量的现代化设备，达到国际先进水平。

（二）我国体育场馆面临的问题与挑战

1. 总量不足

当前，我国体育设施虽然已经得到了极大的发展，但是与国际上许多体育运动发达的国家相比尚存在较大差距，表现出总量不足、供不应求的局面。根据"第六次全国体育场地普查"，截至 2013 年底我国每万人拥有的体育场地 12.45 个，而早在 1990 年，意大利就已达到每万人拥有 21.2 个体育场地，芬兰 45.7 个，德国 24.8 个，瑞士 22 个，日本为 26 个。从人均占有面积来看，我国也存在较大差距，截至 2013 年底，我国人均占有体育场地面积 1.46m^2，与发达国家人均占有 5 ～ 9m^2 相比差距较大。未来随着我国经济的进一步繁荣，生活水平的提高，人们对体育运动的需求将不断增加，供需之间的矛盾将更加突出。

2. 结构失调

在总量不足的情况下，结构的失调使我国体育设施供需矛盾进一步突出。结构失调主要表现在场馆设施分布不均、类型比例失衡等方面。我国现有的大型体育场馆，在整体布局上缺乏统一的宏观规划，分布不平衡。据在全国范围内的场地分布情况调查发现，无论是数量上还是质量上，东部和中部地区都优于西部和东北地区。全国有近 70% 的体育场地集中位于东部和中部经济较发达地区，西部和东北地区只有 30% 左右。此外，体育场地设施类型比例失调、结构不合理。调查发现，我在国现有的体育设施中，篮球场地数量占全部场地数量的 36.32%，而在三大球中，篮球场地数量占比达到 93%，而足球场地数量占比仅有 1.4%。同时，在我国体育场地中，90% 为室外场地，高质量的室内场地只占总数的 10%。而从场馆建设目的来看，为举办竞技比赛而建设的体育场馆增长迅速，与之相对比与体育产业发展相结合、适应广大群众休闲健身需求的体育场馆则相对缺乏。

3. 效益低下

体育场馆的基本功能是举办体育比赛，同时也适合举办与比赛活动性质相似的人流密集的大型活动，如文艺演出、集会等。举办这些活动时体育馆的空间利用最充分，比赛场地、座席区、大量的辅助用房、服务设施及疏散通道等都能得到较充分利用。所以，举办大型活动是场馆资源利用效率最高的时刻。然而，目前由于我国体育产业尚不发达，竞技观演类活动质量不高、供给量不足等原因，我国体育场馆举办大型活动的场次少，仅占全年可利用时间的 5% ～ 10%，大量场馆大部分时间处于闲置状态。为改善体育场馆大型活动以外闲置浪费的状态，许多体育场馆对群众开放，开展多种多样的群众性休闲健身活动，的确起到了减少浪费的作用。但由于定位偏差、策划缺失、设计理念僵化等原因，一些体育场馆在建成之初就有先天不足、选址不合理、功能单一、空间缺乏弹性、场地狭小等缺陷，造成了场馆运营成本高昂、空间利用效率低。这已经成为制约我国体育场馆可持续发展的突出问题。

结合对我国体育场馆发展的时代语境分析、国际体育场馆发展历程的回顾，以及我国体育场馆发展现状与存在问题的总结，可以发现：当代我国体育场馆所面临的挑战，根本上是不断发展变化的社会需求、管理体制和建设模式与固有的、僵化的设计模式之间的矛盾所造成的。世界在发展，事物在变化，体育场馆的设计应研究客观环境的发展变化，重视矛盾的产生、发展和转化，明确未来的发展方向并建立科学的应对措施和应变体系，以使问题得到及时而有效的解决。

我国体育场馆问题产生的原因是综合的、多方面的，解决的办法也必然是综合治理，头痛医头、脚痛医脚的片面解决方法已不适应社会的要求。转变僵化的、片面的、静态的设计理念，建立健全一整套科学的、系统的、动态的策划、设计、建设、运营、评价体系是时代的呼唤。宏观上扩大系统容量，加强系统关联性，完善建设程序；中观上转变设计模式，改善功能结构，提高空间的灵活性和适应性；微观上加强相关技术设备的研发，在可持续发展观的指导下，宏观、中观与微观相结合，通过建立一整套动态适应性设计体系，实现体育场馆的"多维适应与综合应变"，是解决问题的关键。

第二节　概念解析

当代，随着社会的快速发展和观念的不断更新，体育场馆的物质空间与实际社会需求之间往往存在较大的差异甚至是矛盾，成为制约场馆生存与发展的关键问题。动态适应性设计，目的在于运用整体协调和动态发展的思想，将体育场馆设计建构成一个与环境发展良性互动、多维适应、综合应变的复杂适应性系统，统筹场馆赛时与赛后不同阶段的功能要求，最大限度地发挥建筑综合效益，实现可持续发展。

一、动态适应性设计的相关概念

（一）动态与适应的辩证统一

提到"动态"最普遍的理解就是事物的运动状态，但这并不十分确切。现代科学认为"动态"是系统由一个稳定态过渡到一个新的稳定态的过程，它是由外部或内部各种输入或干扰信号引起的随时随地存在的绝对过程；严格来说，"动态"是指在各种动特性输入信号的影响下，系统或机构的响应过渡过程及其导致稳态的规律性趋势。动态性是事物的一种客观属性。客观事物的普遍联系构成了运动，事物的运动不是简单的重复，不只有空间的位移和时间的延续，而且有事物在形态、结构、功能、性质方面地变化，有产生、存在和灭亡的过程——即发展。发展是新事物不断产生，旧事物不断灭亡，新事物取代旧事物，使事物由简单到复杂，由低级到高级的运动、变化过程。新事物不断获得存在的现实条件和必然性，旧事物不断失去其存在的现实条件和必然性，新事物的产生、存在和旧事物的灭亡都是符合客观规律的。

"适应"是指系统与环境相协调的行为。适应性的概念最先出自达尔文的进化论，用于解释生物种群的进化与生存环境的关系。从生物学角度上讲，生物体随外界环境条件的改变而改变自身的特性或生活方式的能力叫适应性。从系统科学的角度，"适应性"是一个十分广泛而抽象的概念，它是指系统在与环境交互作用的过程中，随着环境的改变和得到信息的不同，而对自身的结构和行为方式进行不同的变更，以保持一定的功能从而在新的环境下继续发挥作用或生存下去的行为。适应的目的是生存或发展。

"动态"与"适应"是辩证统一的。"适应"因"动态"而产生，"适应"本身又是一个动态过程，"适应"是"动态"的一种特殊形式。"动态"观念强调过程性，它指出系统永远处于发展和变化之中，是对系统存在状态的客观描述，"动态"具有绝对性；"适应"观念则更加注重目标与结果，强调系统根据环境的动态改变而主动调节自身的结构和行为方式以达到与环境的和谐，"适应"是对特定环境、特定条件的适应，具有相对性。动态性是系统接受外部和内在的干扰信号，而打破原有平衡状态，使稳定变为失稳；而适应性则与其相反，是系统与新环境的协调，是由不平衡状态向平衡状态的转化与发展，使系统由失稳趋向于重新稳定。"动态"与"适应"互为前提与补充，共同构成系统存在与发展的完整机制与过程。动态适应是系统动态性与适应性辩证统一的结果，它强调系统的适应是在动态发展的过程中实现的，没有发展就谈不上适应。适应不是对某一静态环境的适应而是对环境发展变化的适应，是系统与环境相互作用、良性互动的过程。它突破了以往对适应性问题单向、线性的认识，认为系统与环境是由不适应到适应，又由于环境的发展从适应到不适应，再到重新适应的双向互动结构关系（图 1-16 ～图 1-17）。

（二）动态适应性设计

动态适应性设计是指：从整体观出发，通过建立一套复杂适应性体系，使系统能够不断调整自身的构成要素、组织结构及行为方式等，在系统与环境良性互动的过程中，适应外部客观环境的多元要求与动态发展，实现系统的可持续发展和全寿命周期的综合

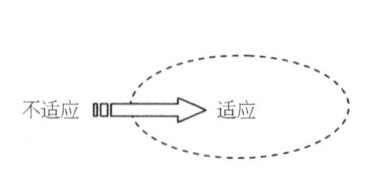

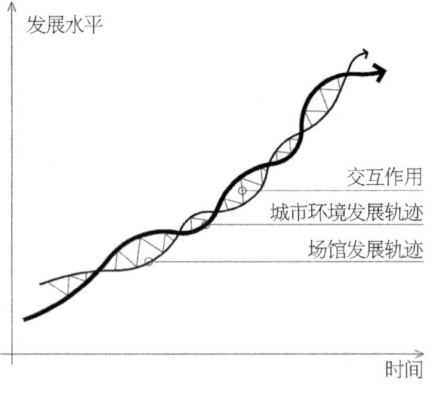

图 1-16　适应关系的传统理解　　　图 1-17　动态适应关系的双向互动结构示意图

效益最大化。动态适应性设计不仅仅是被动的服从环境，还通过系统自身的功能与发展对环境施加影响，使环境向着有利于系统生存发展的方向演化。

广义上，动态适应性设计不仅仅是关于建筑物质空间形态的研究，而是从人类的需要出发，综合研究建筑与自然、社会、经济、文化等关系的一种思想、原理和技术。它涉及建筑规划、设计、建设、管理、评估等多个层面和研究领域，是一个综合的系统工程。狭义上，动态适应性设计是以最基本的建筑功能问题为核心，从建筑与城市发展和社会需求的动态适应关系入手，在建筑与环境关系、建筑内部空间建构和相关技术研发三个层次上展开对建筑可持续发展的研究。

与传统的静态的、线性的、机械的设计观念不同，动态适应性设计是一种持续的、系统的、弹性的、多元整合的设计理论体系，它着眼于人、建筑和环境间的有机"事理"关系，在机理不清、多元复杂、互动发展的情形下，通过定性与定量相结合的各种柔性方法，去不断辨识问题、优化功能。对于体育场馆而言，动态适应性设计是在当代快速发展变化的社会背景下，为使建筑与环境联系更加紧密，顺应社会发展趋势所做出的新的探索，旨在为我国建立科学、系统的体育场馆设计与建设体系做出贡献。它将使我国新时期的体育场馆更好地适应社会生活的需要和生态环境的变迁，并可持续地、富有生命力地向前发展。

二、动态适应性设计的观念构成

动态适应性设计的基本观念由环境观、功能观和技术观三部分组成，它们是动态适应思想在宏观、中观和微观不同层次的具体体现，彼此环环紧扣，关联统一，共同构成了一整套对建筑与环境动态适应关系的理论认知体系。

（一）整体、系统、动态的环境观

动态适应性设计思想是建立在对建筑与环境关系深刻理解的基础之上的，其环境观是整体观、系统观和发展观三者的辩证统一。

首先，动态适应性设计思想认为建筑与环境是一个有机的整体，建筑的动态适应是对环境的适应，是建筑与环境实现辩证统一的途径。环境从哲学范畴来说是相对于主体而言的，无主体也就无所谓客体环境，当然没有环境也就无所谓主体，它们是矛盾对立的两个方面。从实践与认识角度来看，它们无不具有对立统一的性质。它们既有不同质的规定性，相互对立、相互联系、相互转化，而且又相互创造和相互制约，一方以另一方为存在的条件。也就是说，一定的主体要求一定的环境，规定了主体也就同时规定了环境。反之，也只有一定的环境才能孕育和维持一定的主体。从建筑设计的角度出发，动态适应性设计不能就建筑论建筑，而是要强调建筑与环境的有机结合。从系统论的角度出发，建筑不是一个封闭的系统，而是一个与周围环境紧密相连的开放系统。建筑与周边环境在客观上是一个整体，它们之间进行着广泛的物质循环，从而保证了建筑功能的正常运行。建筑的经济效益、社会效益以及生态效益都是以此为前提的。因此，动态适应性设计强调建筑与城市一体化、建筑与自然生态环境一体化。

其次，环境不是单一的、均质的，而是一个融合了经济、社会、文化、自然生态等多方面要素，具有特定结构和层次的有机系统。建筑是这一系统的子系统，其动态适应性是子系统与系统、子系统与子系统之间的相互作用关系。因此，动态适应性设计应该符合系统科学的基本规律，是一个具有一定层次和结构的有机体系。

最后，动态适应性设计思想最突出的特点是强调环境不是静止不变的，而是动态发展的，建筑与环境是在双向互动、协同发展的过程中实现辩证统一的。作为开放的复杂巨系统，环境始终处于发展演变的过程之中，建筑对环境的适应也是通过自身结构、功能的发展变化实现的，建筑与环境之间是动态平衡与动态发展交替进行的复杂交互作用过程。对于建筑而言环境是稳定与发展、静态与动态的统一。建筑对于环境是适应与促进相结合的动态适应关系，其动态性与适应性分别和环境的发展性与稳定性相对应，是一对矛盾的统一体。

（二）开放、多元、灵活的功能观

人类建筑的发展史告诉我们：对功能的需要产生了建筑的形式，功能是建筑中最根本的决定因素。建筑的功能作为社会生活方式的反映，它具有永恒的生命力。

功能，简单的理解就是建筑或建筑中某空间的用途，这也是最传统的认识。从历史上看，建筑功能曾经表现为某种相对固定的效用，一幢建筑具备一种功能，满足一种既定的事件发生模式，单一性和静止性是其主要特征。如古希腊"U"形体育场和古罗马竞技场，都是为单一的某一特定功能而建设的。这种功能模式直到20世纪初期还没有太大改变。我国20世纪50、60年代建设的一些老式体育馆，其场地尺寸基本上是按篮球比赛场地而设计，仅能满足篮、排球等少数比赛的要求，其辅助用房也仅是为配合体育比赛而设计，功能具有单一性和专属性。这种传统的功能观对于过去较为简单、变化缓慢的社会关系和人类行为模式还可以勉强适应。然而，在信息时代的今天，随着社会的一体化发展、产业结构的改变以及高度的城市化，使得当代建筑更加频繁、高效地介入到社会动态的循环系统中去，建筑规模越来越大，功能也越来越趋于复杂，仅以片面的、单一的、静止的功能观看待建筑已不能适应时代的要求。同时，由于人们价值观、思维方式、社会心理等文化的深层机制随着社会发展的变化，同样对建筑的功能提出了更进一步的要求，为建筑功能不断增添新的内容。

动态适应性设计思想认为建筑的功能是人类意志、行为模式和社会关系的物质表达，是协调人与环境关系的中介物，是"人—环境"整体系统的有机组成部分。它与人类社会具有同构关系，表达着人类社会、自然地域和所处时代的特征，并随着人类社会生活与自然环境的发展变化而变迁。因此，相对于当代多元复杂、动态多变的社会体系，现代建筑的功能已由单一的静态封闭状态，演变为多层次、多要素复合的动态开放系统，具有较强的综合性和动态性，以适应动态多样的社会需求。功能的动态适应性特征要求我们必须与社会相联系、与城市相联系、与人的生活相联系，去不断拓展功能的真正含义。不但要正视建筑共时态的显在多元功能体系，还要认识建筑历时态的潜在功能变化。

综上所述，动态适应观强调建筑功能的开放性、多元性和灵活性。而作为建筑师的职责，则是要创作与动态的功能体系相适应的新的建筑空间形式和相应的新的设计方法，使建筑实现横向多元协调和纵向持续发展的辩证统一。

（三）综合、适宜、高效的技术观

《辞海》对技术的定义为："泛指根据生产实践经验和自然科学原理而发展成的各种工艺操作方法和技能。除操作技术外，广义地讲，还包括相应的生产工具和其他物质和设备，以及生产的工艺过程或作业程序、方法。"

伴随着社会发展，现代技术已经越来越突破狭义技术理念的分野，成为由科学、技术、经济、自然、社会组成的复杂系统的一个子系统。科学技术自身正日益意识形态化，它与社会、经济、文化艺术等人文科学的联系愈加紧密，体现出社会化、生态化、地域化、人性化等诸多新特点。

对于建筑而言，科学技术既直接和间接地促进着建筑的发展，同时又是解决矛盾、实现建筑与环境相适应的重要手段。这种促动因子与适应因子的双重属性，将伴随着技术的弹性化、智能化、适宜化和综合高效化发展而实现辩证统一。技术决定着建筑各构成要件的性质，进而影响着建筑整体的功能与效率。动态适应性设计要以技术为依托，大力发展可动技术、节能环保技术和智能控制技术等，同时要树立综合的、适宜的技术价值观，科学地评价技术应用整体效益，使技术从片面改造环境、征服自然的角色转变为动态适应环境，促进人与环境协调发展的推进剂，实现技术与社会、经济、文化、生态的良性互动、和谐发展。

总之，动态适应性设计思想认为，环境、功能、技术是在不同层次上紧密联系的有机整体。它们在动态相互作用的过程中，通过彼此适应与相互协同，实现对立统一、共同发展。

第三节 思想内涵

动态适应性设计的核心思想是把建筑看作与环境紧密联系的、整体的和动态发展的复杂适应性系统，运用系统的研究方法，全面地、持续性地解决问题。整体性、动态性和复杂适应性是动态适应性设计思想内涵的三个主要方面。

一、整体和谐

动态适应性设计是一种宏观与微观相结合、系统与环境相结合，站在整体的背景下，运用综合的控制手段，研究部分与整体相互作用、协调发展的设计方法论。它认为某一问题或现象的产生不是孤立的，而是内因与外因、局部与整体、个体与环境相互作用的结果，解决问题需要宏观与微观相结合，从整体出发多层次、多角度的协同作用、综合治理。整体思想是动态适应性设计思想内涵的重要组成部分。

"整体思想"古而有之，早在公元前 300 年古希腊哲学家亚里士多德就提出了"整体大于它的各个部分的总和"的观点；中国古代"天人合一"的传统观念也是一种朴素的整体思想。近代，随着分析方法的应用，人们习惯于将系统简化或拆分成简单的组成部分进行研究。这种方法对于研究简单事物、线性系统卓有成效，并带来了科学技术的快速发展。但是，随着人们对复杂非线性系统的深入认识与研究，片面的分析方法、还原论已经不能适应现代自然科学和社会科学研究的需要。如今，事物的普遍联系越来越受到重视，"整体性"在一个更高的层次上，成为现代科学研究的重要方面。正如美国系统科学家米歇尔·沃尔德罗普在《复杂——诞生于秩序与混沌边沿的科学》中所指出的："在花了三百年的时间把所有的东西拆解成分子、原子、核子和夸克后，人们最终像是在开始把这个程序重新颠倒过来。他们开始研究这些东西是如何融合在一起，形成一个复杂的整体，而不再去把它们拆解为尽可能简单的东西来分析。"钱学森说："系统就是由许多部分组成的整体……系统的概念就是要强调整体，强调整体是由相互关联、相互制约的各个部分所组成的。系统工程就是从系统的认识出发，设计和实施一个整体，以求达到我们所希望得到的效果。"

建筑领域，从《雅典宪章》到《北京宪章》通过几十年的探索，设计理念和设计方法逐步由分析走向综合、由孤立走向整体、由简单走向复杂。人们开始把区域、城市、建筑作为不同层次上相互关联的整体来加以研究。正如《人居环境科学导论》中所指出的："建筑的内容太广泛，很难从一个方面理出大方向或找出答案，必须进行整体的思考，而不能就建筑论建筑。"提倡"从人—建筑—环境的角度入手，将建筑与区域、城市联系起来，统筹考虑"。

动态适应性设计从整体性出发，将建筑视为社会经济、文化、技术、艺术的综合载体，提倡建筑创作不但要协调理性与审美、技术与经济、功能与空间之间的关系，同时还要把建筑与自然环境、社会环境、城市空间环境等联系在一起，通过调动建筑与建筑之间、建筑与环境之间的互动作用，营造多元协调、和谐发展的城市整体空间环境。提高整体意识，以综合性的设计理念作指导，将环境观念、空间观念、文化观念和效益观念融为一体，在全社会的共同关注下形成一个符合可持续发展概念的建筑环境，乃至城市环境，是动态适应性设计思想的整体性内涵所追求的目标。

"整体和谐"的思想对于体育场馆的动态适应性设计而言尤为重要。体育场馆由于其体量巨大、造型独特、功能复杂、能耗高、投入大，对城市环境造成的影响与冲击较一般单体建筑要大得多，其对城市发展的促进或阻碍作用亦更加强烈；另外，体育场馆所对应的体育竞技比赛、集会、展览、演出等主体功能属于社会高级公共需求，它对城市环境的要求和依赖性较一般建筑也要高得多，因此更应注意整体性问题。动态适应性设计思想强调整体协调、综合治理，认为体育场馆的规划与建设已经超越一般单体建筑的范畴，成为城市建设系统工程的重要组成部分，在进行建筑创作时要求综合考虑场馆的生态整体性、功能整体性、城市空间环境整体性、地域文化环境整体性与经济技术整体性等多方面因素，同时还要考虑场馆建成后对环境的反作用。即把体育场馆视为一个动态系统，其内部多种因子互动，与外部环境广泛关联。通过这种方法，实现时空双重意义上的整体优化——横向社会效益、生态效益与经济效益的综合效益最大化和纵向体育场馆全寿命周期的优化与持续发展。

二、动态生长

辩证唯物主义认为世界上的所有事物都是绝对运动与相对静止的统一，只有"变化"是不变的。时间上有规律的运动秩序形成系统的进化，系统的进化存在于社会需求和技术进步互动关系之中。人类的社会生活处于不断变化之中，在某一时段建成的人工环境在一定时间范围内可以较好地支持当时的社会生活，但随着时间的推移和情况的改变，它也会束缚社会生活的自由发展，从而产生一系列问题，这时就需要更新系统以满足新的需求。美国建筑师 Stewart Brand 在《建筑是如何学习的——建筑建成以后发生的故事》一书中比较了两座于1857年建造的建筑到1993年的变化。在一百多年中，除了窗户的位置和齿状檐口没变外，其他的从外部装饰到内部空间都有不同程度的改变。由此可知：建筑是一个动态开放系统，受周围环境因素影响，处于不断发展和变化之中。因此建筑师不仅应当把建筑作为一个被建造的"对象"，而且应当视其为一个建造的"行为"，设计没有完结性，需用动态发展的眼光，探求建筑从"出生"到"死亡"的整个生命过程。

动态适应性设计思想认为建筑的设计和建成并非是建筑发展的终点。如同动植物生长一样，建筑也有其出生、成长、成熟、衰老和灭亡（或再生）的发展变化过程——即动态生长。建筑内部诸因子间的相互竞争和建筑与外部环境的相互作用是建筑动态生长的原动力之所在。动态适应性设计就是通过建立弹性结构和反馈机制，在建筑与环境相互作用的过程中不断控制和调节建筑的内部结构以适应环境的发展变化，并通过自身的功能反作用于环境，使环境向有利于自身生存的方向发展。动态适应并不简单地是某种要素的增加或结构的改变，而是系统与环境的相互磨合的过程。与之相对应，动态适应性设计与传统的设计不同，它是一个多阶段，持续反馈、控制的过程性设计体系。

具体就体育场馆而言，许多场馆在设计建设之初是针对某项大型体育比赛如奥运会、亚运会等。而大型体育比赛在设施的数量、规模、建设水平甚至是运行机制等方面与城市的日常使用要求存在矛盾。因此，赛后如何使设施得到有效利用，适应城市的长远使用要求，就成为场馆必须面对的问题。另外，体育场馆由于自身特点，其建成后对城市发展的影响较一般建筑要大得多，特别是对于环境改造、土地开发和新城区建设具有巨大的推动作用。正确认识建筑与环境的互动生长特性，统筹考虑建筑出生、成长、成熟和衰亡的全寿命周期，在建筑与环境动态相互作用的过程中，形成良性反馈机制——建筑适应并促进环境发展，环境的发展进一步有利于建筑的生存和效益的发挥，由矛盾逐步走向适应，是体育场馆实现可持续发展有效途径。

"全寿命周期评价"和"过程性设计"是目前应对建筑动态性问题的两种卓有成效

的理论方法，以下从这两个方面对动态适应性设计的动态生长内涵加以进一步剖析。

（一）全寿命周期评价

生命周期原指一种产品从在市场上出现到最终消失的过程，包括投入期、成长期、成熟期、衰退期和消亡期五个阶段在建筑领域这一术语指建筑从最初的规划设计，到随后的施工、运行，直至最终的拆除、报废的一个完整的寿命周期（图1-18）。从建筑实际使用的角度进行分析，建筑的生命周期又可进一步分为物理寿命周期和功能寿命周期两个方面。建筑的物理寿命周期是指建筑从建成到因主体结构老化、破损或意外物理损坏等原因而不能继续使用的时间段。功能寿命周期是指建筑从满足某种社会需求到因环境变化或在竞争中被新事物所取代，而停止该种功能的使用时间。建筑的物理寿命周期与功能寿命周期大都不相等，往往在建筑的物理寿命周期中包含多段功能寿命周期。功能寿命周期的总和，即建筑实际为人们所使用的时间便是总功能寿命周期，或可称为实际使用寿命。建筑物的实际使用寿命与物理寿命越接近，则建筑的利用率越高，效益越好。

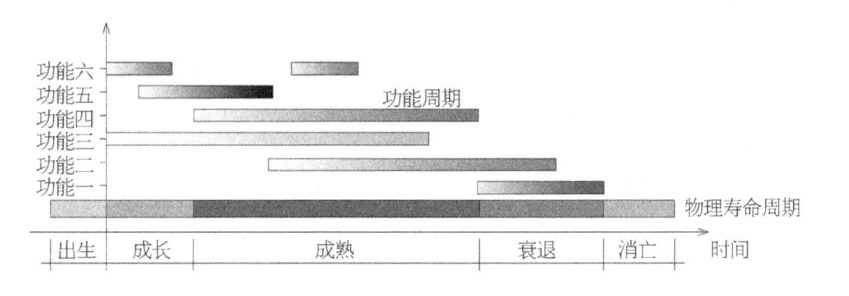

图 1-18　建筑全寿命周期

效能比是评价建筑效益另一个重要指标。效能比是指建筑产出的效益与所消耗资源的比值。比值越大说明建筑投入单位资源所产生的效益越多，效率越高。反之比值越小则说明建筑效率越低，当比值小于1时说明建筑消耗的能源大于其产出的功效，则建筑对社会总的贡献为负值（图1-19）。

动态适应性设计提倡在全寿命周期的框架下，综合评价建筑的效能比，实现建筑全寿命周期的整体优化——即全寿命周期评价。

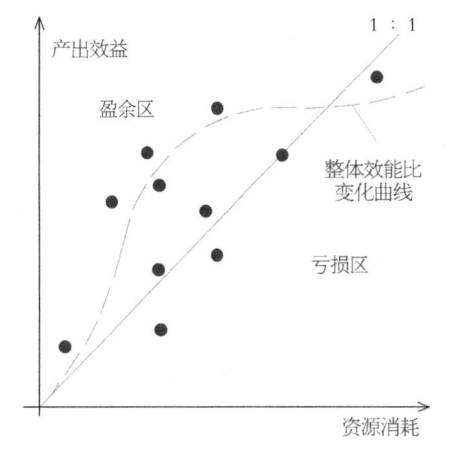

图 1-19　效能比示意图

可持续发展建筑的全寿命周期评价包含两个层次的内涵：一是实现一定功能需求的投入最小化；二是相同投入条件下功能效益最大化。其中前一方面是从静态的抑制需求角度被动减少资源消耗，属于低层次标准；而后一方面则从动态的提高系统资源利用率和供给质量的角度主动的实现可持续发展，属于高层次标准。建筑的一次造价和使用期间运行费用、维修费用、更换及改造费用等构成经济学家所称的"全寿命费用"。建筑产品的后期投入与一次造价的比例随不同时期、不同国家、不同项目而异，但后期投入始终是非常可观的。建筑师应充分考虑到全寿命周期中各阶段的投入及其在全寿命费用中的比重，综合平衡一次投资与后期投入的关系，从整体上降低全寿命周期成本。同时应用动态适应的设计思想，增加建筑的适应性以延长建筑功能周期长度；提高建筑的灵活性以实现建筑在多功能之间的转换与连接，能够有效地延长建筑的实际使用寿命，增加效益的产出。有效的使用时间越长，产出的效益越多，则建筑的总效能比越高，平均建造成本越低。

建筑的出生、成长、成熟与衰亡是建筑的生命周期，其中所谓的"成长"过程是建筑与环境不断调适、相互适应的过程。动态适应性设计是对建筑全生命周期的规划与控制，其作用是避免出现"早衰"现象，在合理的范围内延长建筑的使用寿命，或在必要和有可能的情况下实现"再生"，以节约资源、发挥建筑的最大效益。另外，从生命周期的理念我们也应该认识到，建筑达到成熟阶段是有一个过程的，需要一定的时间和持续的发展建设，因此应避免急功近利的短期行为，针对不同的情况进行有针对性的调控，科学的争取尽快使建筑与环境达到成熟期。

（二）过程性设计

动态适应性设计实质是一种过程性设计。社会在进步、城市在发展，各种驱动因素亦相应在变化，再精明的建筑师也很难完全预测出未来社会的需求，从而一次性设计出满足全寿命周期内所用功能要求的完美建筑类型。因此，提高建筑适应性的可行方法只有正视建筑与环境的动态性，变"结果性"设计为"过程性"设计，加强过程控制，在建筑与环境相互作用的过程中不断调节建筑的功能结构以适应环境的发展变化。具体表现在以下三个方面：

一是设计工作的长期性与阶段性：社会的发展本身就是一个长期的过程，设计工作也应是一个持续性行为。根据建筑发展的不同阶段，有针对性地进行调整和改造。承认设计的阶段性和非终结性，一次设计只是一定时间范围内的阶段性成果，对于长远的发展目标，应根据环境的发展，分阶段、分层次逐步、持续的加以实施。

二是设计成果的开放性与灵活性：开放性和灵活性是系统动态适应的基础。系统只有对环境开放，才能获得生存与发展所需要的条件，才能与外界各要素相互连接，有机地融入整体环境之中。对于阶段性的设计成果来说，必须与上一阶段相联系并为下一阶段的发展留有可能性，这样才能环环相扣，持续发展。灵活性是系统改变自身组成与结构的能力，灵活性越强则系统对环境的动态适应性越强，系统在发展过程中的自组织能力越强。开放性与灵活性相互之间紧密关联，共同影响着设计成果的生存和发展。

三是设计过程的反馈性与互动性：系统的成长是通过与环境间的新陈代谢，在不断的交互作用中实现动态适应的过程。建筑创作不是在一张白纸上绘制蓝图，而是在一定环境条件下，在原有城市形态基础上的重塑与创造。环境决定建筑，建筑反过来又影响环境，建筑与环境之间是一种双向互动关系。因此，必须在设计过程中形成相互作用、循环反馈的链条，随时对外界的新问题和新情况做出反应，并根据实际情况不断调整设计准则以指导后续的工作，实现对环境的促动与适应。

三、复杂适应

（一）复杂性与复杂适应系统

普利高津认为：现代科学正在从简单性世界向复杂性世界推进。科学认识正从机械决定的、累加式的、被动"存在"的世界向非严格决定的、组织有序化的、多样统一的、"演化"的世界过渡；正从一种分析性的，具有少量自由度的、线性相关的决定论系统向一种整体性的、具有较大自由度的、非线性耦合的随机系统扩展。复杂性科学正在代替经典机械论科学。针对复杂性问题，1994 年美国圣菲研究所的系统科学家霍兰正式提出了复杂适应系统理论（CAS 理论）。CAS 理论的核心思想是"适应性造就复杂性"。它把系统的成员看作是具有自身目的与主动性的、积极的"活的"主体，认为"正是这种主动性以及它与环境间反复的、相互的作用，才是系统发展和进化的基本动因。复杂性正是在个体与其他个体之间主动交往，相互作用的过程之中形成和产生的。宏观的变化和个体的分化都可以从个体的行为规律中找到根源"。在复杂适应系统中，所有个体都处于一个共同的大环境中，但各自又根据它周围的局部小环境，并行地、独立地进行着适应性学习和演化。大量适应性个体在环境中的各种行为又反过来不断地影响和改变着环境。结合环境自身的变化规律，动态变化的环境则以一种"约束"的形式对个体的行为产生影响。如此反复，个体和环境就处于一种永不停止的相互作用、相互影响、相互进化的过程之中。对于 CAS 理论的理解，可以从以下四个方面加以说明：

第一，主体是主动的、活的实体。复杂性正是在个体与其他个体的主动交往，相互作用的过程中形成和产生的。反之，对于复杂适应系统，个体的主动性，是其在系统中得以生存和获得发展机会的关键因素。主动性强，则生存和发展的机会多、概率大。

第二，个体与环境的相互影响和相互作用，是系统演变和进化的主要动力。CAS

理论重视个体之间的相互作用，而不只是个体本身，认为"个体的相互作用才是整体的基础"。当我们说"整体大于部分之和"时，指的正是这种相互作用所带来的"增值"。复杂系统的丰富多彩的行为来源于这种"增值"，这种相互作用越强，系统的整体性就越强，系统发展、进化的速度越快。

第三，复杂适应系统将宏观和微观有机地联系起来。它通过主体和环境的相互作用，使得个体变化成为整个系统变化的基础，统一的加以考虑。

第四，复杂适应系统通过内部的耦合机制，引入了随机因素的作用，使它具有更强的描述和表达能力，更加接近于实际的设计工作过程。

（二）动态适应性设计本质上是一门复杂适应系统科学

具体就体育场馆动态适应性设计而言，城市是一个复杂巨系统，体育场馆由适应体育比赛的功能需求向适应城市功能需求的转变，就是由单一的、相对简单的、线性系统向多元的、复杂的非线性系统的转变。同时，随着我国体育管理体制的改革，社会化、产业化已成为体育的发展方向。体育场馆由过去国家投资建设、国家统一管理的计划经济运行模式，向多元化的市场经济机制转变，体育场馆所面临的社会环境较之以前复杂得多。因此，面对我国的实际情况，必须摒弃传统的被动的、单一的、线性因果关系的设计观念，而采用整体的、多元的、动态的、非线性的设计理念，将复杂性科学的研究成果及时引入到建筑设计领域。复杂适应具体表现在体育场馆的"主动适应、多维适应、循环反馈和综合发展"等几个方面。

1. 主动适应

复杂适应理论强调主体的能动作用，对于体育场馆而言，就是要积极主动地对环境的发展变化做出反应，通过主动调节自身功能结构，来适应环境的改变，并对环境施加影响。建立具有充分开放性和高度灵活性的内部空间结构体系是其发挥能动作用，实现主动适应的关键所在。"开放"是从系统与环境关系的角度，强调体育场馆功能、空间对环境的开敞。开放性越强，则场馆与环境的关联越紧密，与其他主体实现"聚集"的能力越强。"灵活"是从系统内部结构关系的角度，强调体育场馆空间的灵活可变。系统根据环境的改变而改变自身组织结构，从而表现出不同功能的能力就是系统的灵活性或称为弹性。灵活性越强，系统的适应能力越强。

2. 多维适应

现代社会的经济环境带来了投资主体多元化、经营管理模式多元化、使用者和使用目的多元化、价值取向多元化等实际情况，对当代体育场馆提出了多样性的使用要求。场馆自身的功能组成、空间结构甚至审美意象也随之向多元化发展，表现出了多维度的适应性。多维适应可以从多方面使体育场馆实现对城市各种社会需求的多样满足，从而扩展了体育场馆的适应范围，提高了适应性。

3. 循环反馈、交互作用

体育场馆的设计与建设受环境条件的限制与制约，反之，场馆建成后又会对环境和环境的进一步发展产生影响。动态适应性设计根据复杂适应的原理，重视场馆与环境的交互作用，指出体育场馆与城市空间环境、城市经济环境、城市社会生活等是一种循环反馈、关联共生的关系，提倡体育场馆与城市环境相互促进，共同发展。

4. 网络建设、综合发展

复杂适应系统发展的非线性特点指明，在复杂适应系统中主体通常是以网络或半网络形态存在和发展的。动态适应性设计强调加强城市体育设施的网络化建设和体育场馆内部功能体系的综合化发展。

城市体育设施网络建设是指城市体育设施根据不同层次的社会需求，不同的区片划分，形成由不同规模、不同类型的体育设施组成的，层次分明的有机网络，网络中的设施既各有所需，又关联互补，避免了重复建设和恶性竞争。前国内有一些城市存在只注重大型场馆建设，忽视配套设施特别是社区群众体育设施建设的情况，不利于满足不同层次的社会需求和全民健身运动的开展。制定规模分级、类型多样、分布合理、组织有序的城市体育设施网络规划，是城市规划和设计建设部门的当务之急。内部功能体系的综合化发展是指在体育场馆功能多元化的前提下，其各组成部分有机关联、综合互补，形成具有较明确层次结构关系的内部功能网络，它是宏观网络化原理在中观层次的表现。

第四节　建筑领域的相关理论与实践探索

动态与适应的矛盾问题长久地困扰着建筑界，而人们在实践过程中也自觉不自觉地运用着部分动态适应性设计思想。如中国古代建筑，为适应大规模的快速建设和多样的使用要求，结合地域材料与环境特点，采用木构架结构体系，使建筑界面和内部空间在较大程度上从结构的束缚中得以解放；同时构造方式实行标准化、模数化，适合大批量的重复制作，通过这些标准化构件的不同组合，建造出不同等级、满足不同使用功能的建筑单体，并通过这些建筑单体的多样性组合，形成丰富的空间形态，如院落、宫殿、园林等，具有高度的灵活性和普遍的适应性。

现代建筑思想深受现代基础科学理论的影响与启发，结合现代高速发展的社会现实，从多方面、多角度对动态适应性问题进行研究，提出了一些极具启发性的学术思想，并在建筑实践中进行了积极探索。

一、有代表性的相关研究

（一）伊利尔·沙里宁的"动态设计"

在建筑界伊利尔·沙里宁较早地提出了"动态设计"的概念。在沙里宁的设计思想中，比较明确地认识到城市建设"是一个长期的缓慢过程"，提倡有计划、有引导地"沿着预定的方向，走向明确的目标，形成逐步演变"，要求设计应具有灵活性，可以在条件变化或出现新的要求时作必要的修改，并称此为"动态设计"。他还提出要从事研究性的设计，除了有从现在到将来的规划，还要斟酌从将来目标向现在演变的种种可能性——"持续和双重的积极思考"。

（二）全面空间

针对现代建筑功能多变，使用要求多元的特点，现代主义建筑大师密斯·凡·德·罗提出了"全面空间"的概念。其哲学思想与"少就是多"理念相一致，用一个最单一的空间，容纳众多的使用内容。密斯设计的芝加哥伊利诺工学院克朗楼（图1-20）是一个中间没有一根柱子的大空间，使用者可以根据不同的使用要求，灵活分割空间，适应不同功能。

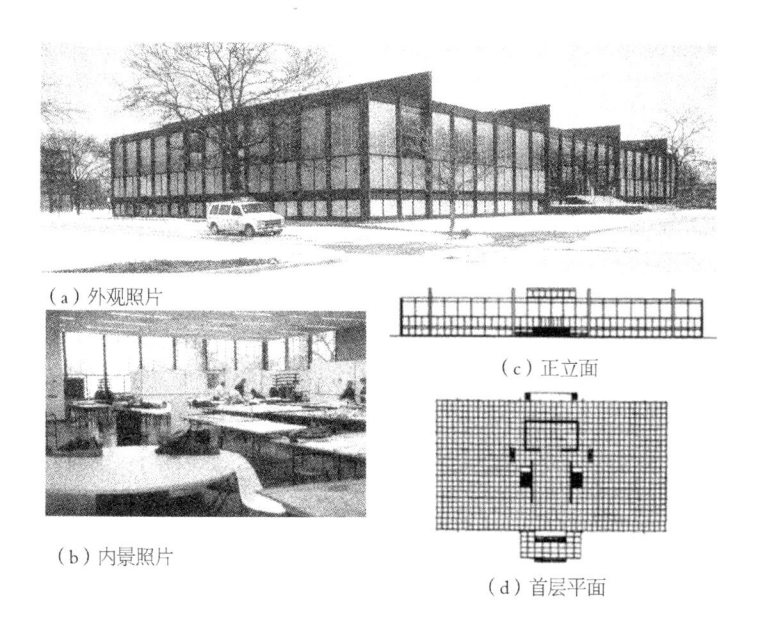

（a）外观照片

（c）正立面

（b）内景照片

（d）首层平面

图 1-20　芝加哥伊利诺工学院克朗楼

（图片来源：吴焕加，20世纪西方建筑史，中国建筑工业出版社）

路易斯·康设计的宾州大学生物实验室发展了全面空间理论。它把建筑分为使用部分和辅助部分。使用部分保持尽可能的完整，可以满足不同的实验需求，而辅助部分设置在使用部分外缘，尽可能减少对使用部分灵活性的影响。由罗杰斯和皮亚诺合作设计的巴黎蓬皮杜文化中心更进一步，为了提高建筑的动态适应性，将附属的设备、管道全都置于建筑外部，而使内部成为一个完整的大空间，同时运用可动结构设计使楼板可以升降，以便根据不同的使用要求调节室内层高。通过以上手段使建筑具有了更大的灵活性，可以容纳更多的活动。

（三）新陈代谢与共生

20 世纪 60 年代初期，一批日本青年建筑师如菊竹清训、桢文彦和黑川纪章等在丹下建三地影响下，汲取日本传统的文化哲理和近现代哲学思想，创立了以有机生长思想为核心的"新陈代谢"理论。该理论将生物学上的"新陈代谢"概念加以推广，系指一切事物经过内部的新旧斗争，必将导致新事物代替旧事物的过程。新陈代谢派的建筑师认为建筑具有成长性和增殖性，重视其生长、变化与衰亡的规律，极力主张采用新技术来解决建筑的动态性问题。1960 年发表的代谢派宣言中说："我们将人类社会视之为一种强而有力的演变过程，我们所以采取生物学上的名词新陈代谢，是由于我们相信改良与科技，更想有助于维持人类的活力。我们认为，代谢主义不仅主张自然的、历史性的社会演变，也主张透过我们的改良刺激一个积极变化而发展的社会。"黑川纪章设计的东京中银舱体大楼（图 1-21）、大阪国际博览会宝美馆等是这一时期的代表作品。

舱体轴测图
尺寸为 2.5m × 4m × 2.5m

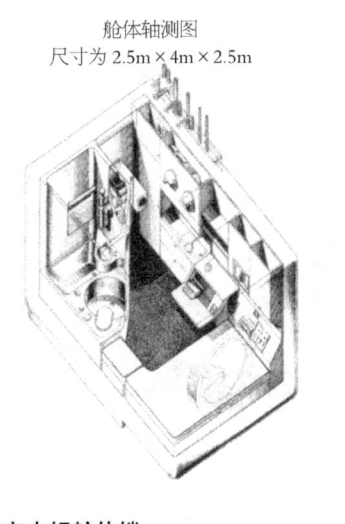

图 1-21　东京中银舱体楼

（图片来源：http//: www.cse.polyu.edu.hk）

"共生"思想是黑川纪章等一批建筑师对新陈代谢理论的进一步发展和延伸。其基本内容包括异质文化的共生、人与技术的共生、内部与外部的共生、部分与整体的共生、人与自然的共生、地域性与普遍性的共生等。共生哲学涵盖了社会与生活的各个领域，将城市、建筑与生命原理联系起来。黑川纪章在论述共生思想与新陈代谢理论的关系时，把新陈代谢理论总结成由两个原理构成：一是不同时间的共生；二是空间的共时性。他认为在建筑和城市空间中引入不同时间的共生是新陈代谢的第一原理。建筑物在建造时并不是完全固定的，而是作为从过去到现在、向未来发展变化的实体表现出来，即作为变化的过程体现出来。如果过去、现在、未来发展变化的过程用另一种方式表现的话，就是使过去时间、现在时间和未来时间共生。建筑通常是在现在的条件下设计，应尽量把未来的条件体现于现在并以现在条件下的固定形式建造，也就是设计既要满足现在的要求，适应当前的环境，又要兼顾未来的发展，实现适应与发展的统一。新陈代谢的第二个原理是空间的共时性。认为现存于世界的诸文化，无论处在什么样的发展阶段，各自都有独立的意义，并在世界范围内联系在一起；西方的文化并不占领先地位，而是和其他诸文化相对存在。空间的共时性原理是共生思想的重要组成部分，是由国际主义及欧洲文化中心论向多元文化论转换的主要思想依据。

从"新陈代谢"到"共生"的理论发展轨迹，从一个侧面反映了建筑师对于建筑动态适应性本质认识的逐步深入。早期代谢增长论产生的原因和研究的重点是建筑的更新与发展问题，更加关注建筑的动态性。而共生理论在重视动态性的同时，进一步认识了多样性、协同性和适应性的重要作用。时间共生与空间共生的辩证统一，实质上是动态适应思想的体现。

（四）可持续发展与可持续建筑

20 世纪 70 年代，随着环境污染的日益严重、能源的枯竭，人们越来越关心地球和人类未来的命运，越来越关心发展所带来的后果，反思片面追求发展的弊端。"可持续发展"是 20 世纪 80 年代后期开始出现的，1987 年挪威首相格罗·哈莱姆·布伦特兰夫人首次提出了"可持续发展"这一概念，并在联合国环境与发展委员会的布特隆特兰德报告中将其表达为"发展既要满足当代人需要，又不影响后代人满足他们自身需要的能力"。1992 年在巴西里约热内卢召开的地球峰会将"可持续发展"定义为"与地球生态系统相协调的经济活动"。《中国 21 世纪议程》则将可持续发展详细定义为"既要考虑当前发展的需要，又要考虑未来发展的需要，不以牺牲后代人为代价来满足当代人利益的发展，是人口、经济、社会、资源和环境协调发展，要达到发展经济的目的，又要保护人类赖以生存的自然资源和环境，使我们的子孙后代能够永续发展和安居乐业"。可持续发展观的基本内容包括了两方面：一是当代人与后代人发展机会均等，二是当前的发展不损害后人的生存环境。作为一种发展观，它主要强调有效、有节地利用不可再生资源，维护可再生资源的良性循环，保护人类唯一的生存环境——生物圈。其实质是争取持久的人与自然的和谐发展，争取整个社会系统的和谐有序。作为社会经济发展的指导思想，它某种程度上调和了经济发展与保护环境的矛盾，标志着一种面向未来的发展观念的形成。

"可持续建筑"这个概念是查尔斯·凯博特博士1993年提出的。1994年11月，第一届可持续建筑国际会议在美国举行，会议对可持续建筑作了全面探讨，指出可持续建筑的主要问题是资源、环境、设计和环境影响及它们之间的相互协调关系。可持续建筑一般具有如下特点：一是较好地处理建筑与生态环境的协调关系，如节约资源，减少污染，贯彻资源再利用、利用再生资源和对环境无毒害等；二是在建筑设计中体现了建筑在长期使用过程中使用功能的弹性原则，即建筑功能在其使用寿命中具有可变性和对未来具有适应性。归结到一点，就是运用系统、全面和发展的观点来审视和对待建筑环境、资源、环境影响和人类的协调发展，使建筑在其使用寿命中能与人类的要求和环境变迁完美地结合起来。与可持续建筑紧密相关的还有生态建筑、绿色建筑等，其理论框架、思想内涵与研究范畴等虽各有侧重但基本相同。其中，绿色建筑的概念在全世界范围内得到普遍认同，各国制定了一系列绿色建筑评价标准，并在建筑实践中得以应用，成为评价建筑品质的重要依据，对当代建筑的发展产生了重要影响。

（五）其他

与动态适应性相关的研究在建筑的发展过程中自发的或者自觉的还有很多，如从生物界受到启发提出的"仿生建筑""进化建筑"，针对气候条件提出的"应变建筑"概念等。人们从不同角度针对不同方面的具体问题，应用各种理论对其进行解释和应对。另外，在不同的建筑类型的研究中，对动态适应性问题的重视程度和侧重点也不尽相同。如在住宅、医院、工业建筑等领域中都有针对各自建筑类型特点的相关实践探索和理论研究，由于篇幅所限不详细论述。

二、体育建筑领域的探索

随着社会需求的不断改变和技术的发展，体育建筑结合自身特点一直处于对动态适应性研究的前沿，并且其未来的发展趋势愈加向着多维适应、综合应变的方向发展。

1. 多功能

体育场馆的多功能设计观，在国外已有几十年的研究历史，我国对其进行的讨论与设计实践也近三十年。我国著名体育建筑专家梅季魁教授在其著作《现代体育馆建筑设计》中指出："体育馆实现多功能，主要是指比赛厅具有适应使用变化的能力。使用的变化，一般可分成短周期和长周期两种，前者是一种周时性和季节性有规律的变化，有节奏的重复，后者则是历经较长岁月建筑用途发生的重大转变。体育馆设计的着眼点不应仅是应付当前的需要，还应力求适应几十年的发展变化。现代体育馆既应具备适应短周期变化的能力，也应具有一定的适应长周期变化的能力，这种应变能力即称为多功能。"他还指出："从生活现实看，多功能应包含三个主要方面：第一，以体育比赛为主，力争多容纳一些项目；第二，应兼容文艺、展览、集会等活动；第三，兼顾群众参与活动"，"比赛厅的多功能设计，应着重解决功能的合理组合及综合布局的优化"。多功能设计观旨在提高体育场馆使用效率与经济效益，达到"以副养主、以馆养馆"的目的；同时有利于发挥设施的社会效益，实现设施群众化、功能多样化。

2. 综合化

综合化是指以竞技体育设施为主导，通过与若干功能单元的复合，形成布局合理、功能多样的体育建筑综合体。功能单元之间的资源共享、有机互补、互为支撑的协同组织方式，有利于建筑整体功效趋向最大化。相对于多功能体育场馆而言，综合型体育场馆的功能组成更为丰富，主导空间即比赛空间仅是其中的功能单元之一。而研究范围也从比赛厅扩展至其外的附属空间以及它们之间的协同关系。综合化的目的着重在于如何更好地发挥体育场馆的整体功效。

在体育产业较为发达的欧美国家，综合化是一种比较普遍的现象，如荷兰阿姆斯特丹阿贾克斯俱乐部主体育场即引进了"商贸体育场"的概念。在满足体育比赛功能的基础上还提供了大量的商业、娱乐、观演设施，并且它还兼具城市交通枢纽的角色，在没有比赛的日子里，这些设施仍能够为俱乐部带来可观的收益。我国在体育社会化、产业化的背景下，综合化的设计思想也逐步被接受并成为当下体育建筑发展的新方向，如华润深圳湾体育中心、哈尔滨国际会展体育中心等。

3. 体育场馆的可持续发展观

1998 年 3 月在日本东京举行的一次国际学术会议把可持续发展和体育建筑结合起来进行探讨。由此，可持续发展理论从不同角度被引入体育建筑设计领域之中，并对其设计和建设起到了巨大的影响作用。1994 年在挪威利勒哈默尔冬奥会上第一次提出了"绿色奥运"的口号，其主要内容包括：通过奥运会加强对环境的关心，特别是有关动植物的保护；奥运设施的开发首先应有利于环境；为举办奥运会所进行的各项开发中必须从社会的视角加以考虑，因此奥运设施建设要与赛后利用相结合；设施的规模和数量要以该地区的人口数量为标准，加以综合考虑；比赛管理方面也要表现重视环境的立场，如垃圾收集、物品使用、场地清扫等工作都要考虑对环境的影响达到最小。随着社会的发展和理论研究的深入，2000 年悉尼奥运会成为"绿色奥运"的成功典范；北京

2008 年奥运会也提出了"绿色奥运、科技奥运、人文奥运"的目标与宗旨，并制定了系统的"绿色奥运建筑评估体系"；2012 年伦敦奥运会更是在规划、建筑、景观等多层次全面践行了绿色奥运、可持续发展的理念。可持续发展已成为现代体育场馆设计的指导性原则。

三、相关理论关联性分析

从以上的阐述中可以发现，建筑的动态适应性问题早已被人们所认识，其相关理论研究和实践探索正处在片面到系统、简单到复杂、笼统到具体的发展过程之中。其内涵逐步深入，外延逐步扩展，理论的系统性、针对性和实际的可操作性日趋加强。

就体育建筑的研究范畴而言，与多功能、综合化设计思想相比较，动态适应性设计理念是对以上两种观念的综合与发展。动态适应性设计观跳出传统的、静态的、就事论事的设计方法论，运用系统科学的研究方法，以整体的、发展的眼光看问题，从更高的层次探索系统与环境的双向互动关系。其理论的内涵与外延、范畴与层次远远超出多功能和综合化的概念范围。多功能与综合化是动态适应性设计体系的有机组成部分，是动态适应性设计系统构架中的一个环节，其理论体系之间是整体与局部、包含与被包含的逻辑关系。

可持续发展是一个较为宽泛的理论系统，其理论体系具有多层次、多领域的复杂组织关系。对于体育场馆而言，可持续发展具有狭义与广义的双重意义。狭义的可持续发展是以自然环境为核心，以生态技术为基础的绿色设计理念。其主要研究方向是合理地利用能源，减少污染的排放，保护生态环境的持续健康发展。广义的可持续发展则泛指建筑与人、社会、经济、文化、自然环境的和谐共生、良性发展。体育场馆的广义可持续发展体系可分为绿色化、动态化和人性化三个主要的组成部分和发展方向。这三个主要分支分别以"环境""功能"和"人"为核心，既相互区别、自成体系，又紧密关联、辩证统一。动态适应性设计是体育场馆可持续发展战略的重要组成部分，是将可持续发展观与具体设计实践相结合，从不同角度进行的深入探索（图 1-22）。

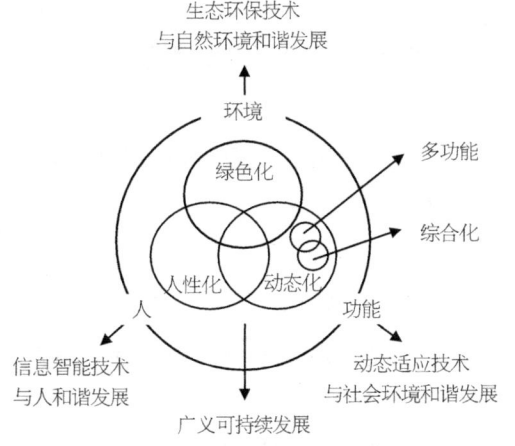

图 1-22 动态适应性设计理论与其他建筑理论关系示意图

本章小结

当代社会的快速发展和多元需求对建筑设计设计提出了挑战。动态适应性设计是从整体观出发，通过建立一套复杂适应性体系，使系统能够不断调整自身的构成要素、组织结构及行为方式等，在系统与环境良性互动的过程中，适应外部客观环境的多元要求与动态发展，实现系统的可持续发展和全寿命周期的综合效益最大化。其基本思想内涵是"整体和谐""动态生长"和"复杂适应"三者的辩证统一。

对体育建筑而言，随着时代的发展体育建筑的内涵和外延不断演进。在当代社会语境下，体育场馆的动态适应性设计思想是体育场馆可持续发展理论体系的重要组成部分，是应对场馆社会化、产业化变革的积极应对措施，是对体育场馆多功能、综合化设计策略的整合与扩展。

参考文献

[1] 覃力. 《黑川纪章城市设计的思想与手法》译后感 [J]. 新建筑，2003（6）：68-70.

[2] 许国志. 系统科学 [M]. 上海：上海科技教育出版社，2000：25，262.

[3] 肖前，李秀林，王永祥. 辩证唯物主义原理 [M]. 北京：人民出版社，1981：68.

[4] 中国大百科全书总编辑委员会. 中国大百科全书（第一版）[M]. 北京：中国大百科全书出版社，1993.

[5] 滕红军. 整体与适应——复杂性科学对建筑学的启示 [D]. 天津大学博士论文，2002：53，64-66，123.

[6] 王扬. 整体优化 动态适应——建筑适应性设计意义解析 [J]. 世界建筑，2002（11）：71.

[7] 徐利淼. 大环境观、大系统观是可持续发展整体视野的基础 [J]. 天津师大学报，2000，（12）：53-58.

[8] 宋言奇. 生态城市理念：系统环境观的阐释 [J]. 城市发展研究，2004（2）：71-74.

[9] 韩冬青. 论功能的动态特征 [J]. 建筑学报，1996（4）：34-37.

[10] 辞海编辑委员会. 辞海 [M]. 上海：上海辞书出版社，1980：669.

[11] 魏宏森，曾国屏. 系统论——系统科学哲学 [M]. 北京：清华大学出版社，1999：201,213.

[12] 匙静. 绿色建筑全寿命周期分析 [J]. 石家庄职业技术学院学报，2005，（2）：67-69.

[13] 刘克成. 城市设计中的动态设计思想 [D]. 西安冶金科技大学硕士论文，1990：4.

[14] 承继成，林珲，杨汝万. 面向信息社会的区域可持续发展导论 [M]. 北京：商务印书馆，2001：13-16.

[15]　Brian Edwards.　Sustainable Architecture.　Architectural Press.　1996：58.

[16]　吕爱民. 应变建筑——大陆性气候的生态策略 [M].　上海：同济大学出版社，2003：109.

[17]　梅季魁. 现代体育馆建筑设计 [M].　哈尔滨：黑龙江科学技术出版社，1999：18，57，162.

[18]　马国馨. 持续发展观和体育建筑 [J].　建筑学报，1998（10）：18-20.

第二章

体育场馆动态适应性设计的原则与方法

雨果说："世界上一切事物之所以美，就在于能够自臻完善，一切事物都具有这种特征：生长、繁殖、增强、获取、进步，一天胜似一天。这既是事物的光荣，也是事物的生命。"建筑也是这样，动态发展给予建筑以生命和逐步完善的可能。然而，发展也会带来一系列问题，不及时解决这些问题就会阻碍进一步的发展，甚至使系统走向灭亡。要认识和研究建筑的动态适应性问题，就必须认真分析系统的运行规律，制定出与之相对应的设计原则、程序和方法，并通过实际可行的设计对策落实到现实工作之中。理论层面与操作层面相结合，设计方法与设计技巧共同作用才能有效地认识问题、解决问题。运用动态适应性设计理论，结合我国大型体育场馆开发建设的实际情况，从方法论的层面，探索适合大型体育场馆动态适应性设计的程序和方法，是实现动态适应目标的有效保障。

第一节　模型分析

对客观事物和现象进行科学的抽象，通过建立模型和对模型进行分析，认识事物的运行逻辑和发展规律，是建构动态适应性设计系统并保证系统可持续发展的基础。

一、刺激——反应模型

动态适应性系统之所以具有适应性并可以可持续得进行演化和发展，就是因为它能够对外界的刺激产生反应，根据环境的发展变化而发展变化。因此，以基本的刺激——反应模型为出发点对其进行分析是行之有效的。

城市是一个复杂巨系统，体育场馆与城市的动态适应关系亦是一种复杂适应关系。与一般线性系统的刺激——反应行为（每一个刺激只有一种确定的反应，即系统对于每一个刺激必然有唯一的一条反应规则与之相对应）不同，动态适应性思想从 CAS 理论出发，认为：应当把反应规则看作是有待于检验和认证的假设，系统进化的过程正是需要提供多种多样的选择，需要有矛盾、冲突和不一致，因此，系统的反应规则应当足够多而且有选择的余地。在此基础上，可以建立动态适应性系统的刺激——反应行为模型（图 2-1）。

从模型中可以看出，动态适应系统的三个主要部分是：一个探测器，一个处理器（一组 IF/THEN 规则）和一个效应器。探测器代表了主体从环境中抽取信息的能力，处理

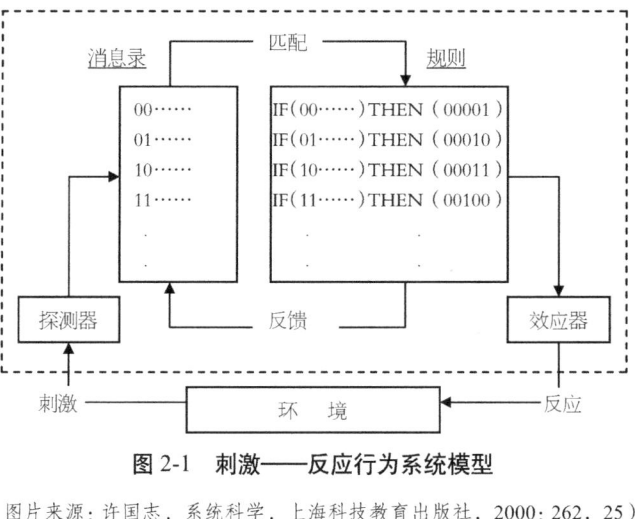

图 2-1　刺激——反应行为系统模型

（图片来源：许国志．系统科学．上海科技教育出版社，2000：262，25）

器（IF/THEN 规则组）代表了处理这些信息的能力，而效应器则代表了系统反作用于环境的能力。探测器的敏感程度，处理器的处理能力和效应器的作用功效共同决定了系统的适应能力。动态适应系统不但可以对不同刺激做出不同的反应，对同一刺激的反应也可以是多种多样的。系统在与环境相互作用中的学习、成长与适应过程既是系统处理器中 IF/THEN 规则组的丰富和优化过程，也有赖于效应器功能的逐渐强化。

二、控制系统模型

建筑是人类设计和建造的，用以适应自然环境和社会环境的中介物。从控制论的角度，它属于受控对象，是一个由"人"控制的他组织系统。人是施控的主体，建筑是受控的对象，人与建筑共同构成了具有自组织能力的动态适应性系统，来应对环境的刺激并做出反应以影响环境。在这一系统关系中，人扮演了决策和控制的角色，建筑扮演了受控和反应的角色。

控制是施控者运用适当的控制手段作用于受控者，以引起受控者行为状态发生合乎目的变化的行为过程。对于受控对象而言，必须有多种可能的行为状态，只有一种可能状态的对象，无法对其进行控制。作为施控者而言，应有多种可供选择的手段，不同的手段作用于对象的效果不同。只有一种手段的主体，实际上没有施加控制的可能性。因此，控制系统的自组织能力具体表现在施控者能力与手段的高低和受控对象的可控性与鲁棒性。由此可知，对于体育场馆的动态适应而言，必须具有完整和科学的设计程序，提高控制者（包括投资者、管理者、设计师、经营者等）的能力与水平，树立动态的设计观，关键的是设计成果必须具有足够的弹性和可控性。

另外，作为受控对象的体育场馆本身就是一个复杂的系统，有自己特有的结构、特性和运行规律。动态适应性控制手段的选择，方案的制定都应建立在对其组分、结构、特性、运行规律深刻理解的基础上。作为施控方的设计者和其所依据的设计程序本身也是由多个具有不同功能的环节按照特定的方式耦合而成的系统。施控者与受控对象按照一定的方式连接形成完整的控制系统。将控制系统基本模型与上文的刺激——反应模型进行综合考虑，可以进一步得出动态适应系统的行为模型（图2-2）。其中施控者与受控对象各有一套 IF/THEN 效应器，即设计者有一整套动态适应性设计对策，而建筑有多样灵活的空间结构。二者之间通过匹配与反馈，形成了系统整体的应对机制。

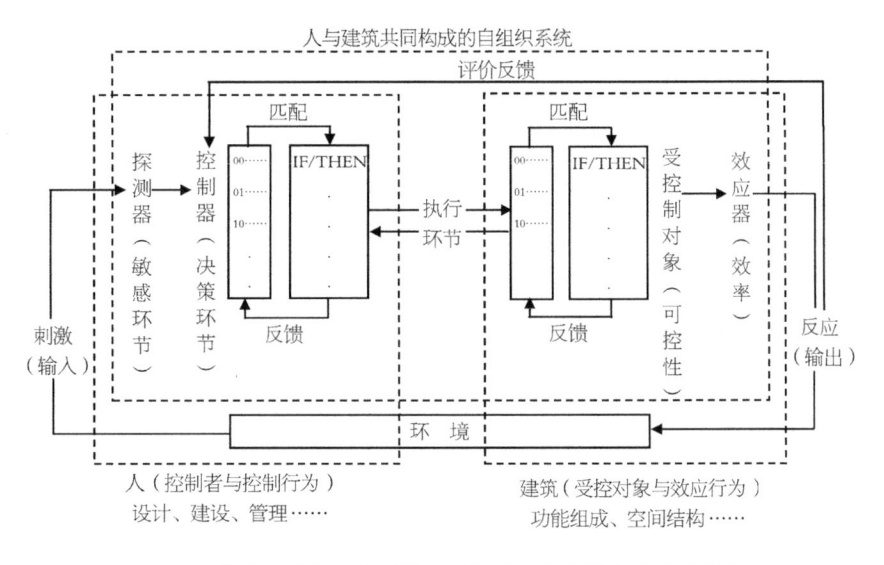

图 2-2　环境—建筑—人三位一体的动态适应性系统行为模型

三、人、建筑、环境三位一体的系统关系

从上文的模型分析中，我们可以进一步发现：环境在这一动态适应过程中也具有十分重要的作用。它既为系统提供了存在的条件，又对系统提出了输入刺激，同时还是功能输出的作用对象。体育场馆的动态适应性系统行为实际上是人、建筑、环境三者动态相互作用的辩证统一。这里所谓的"人"不是一个具体的个体概念，而是抽象的群体意义的总称。人、建筑、环境既扮演着不同的角色，同时又具有多方面的属性，彼此融合。如在这一动态系统中的"人"既是控制者，同时还是需求的提出者和功能的作用者——是环境的一部分；而建筑既是受控对象，同时亦构成了人工环境。因此三者是一个普遍联系、复杂作用的整体。而动态适应性设计研究的重点，也就是这三个方面和它们之间

的相互作用关系。具体来说，对于控制者，主要研究控制程序（规划、立项、策划、设计、管理、评价反馈等环节以及各环节之间的联系关系）、控制规则（法规、标准）和控制手段（设计方法、设计理念等）；对于受控对象的建筑而言，主要研究建筑的功能结构、空间关系和技术措施等所能体现出的适应性与可控性等；而对于环境而言，关键是对环境条件、环境发展趋势和建筑与环境的相互作用关系等的研究。只有以人、建筑、环境三位一体的整体关系为基础和出发点，才能揭示动态适应性问题的真正内涵与本质，并找出真正行之有效的设计对策。

第二节　基本运行规律

了解事物的运行规律，才能有效地把握事物动态发展的方向，从而找到引导与控制的手段。

一、结构功能相关律

系统结构是指系统内部各组成要素之间的相对稳定的联系方式、组织秩序及其时空关系的内在表现形式。功能是指系统与外部环境相互联系和相互作用中多表现出来的性质、能力和功效，是系统内部相对稳定的联系方式、组织秩序及时空形式的外在表现形式。结构和功能是系统中要素之间相互联系、相互作用所形成的整体关系的两个方面。结构与功能之间的影响是双向的，一方面结构对于功能具有决定性作用，一定的结构具有一定的功能，功能不能脱离结构而存在；另一方面功能又可以反作用于结构。

动态适应性系统的适应过程，实际上也是结构与功能的动态相互作用的过程。从结构和功能的表现形式上看，结构深藏于内，功能表现于外。同时，从系统的过程来看，结构具有相对的稳定性，而功能则易于变化。结构制约着功能，功能在适应不断变化的环境的同时又反作用于系统的结构，促进结构的改变。结构和功能在动态过程中统一起来，系统在结构与功能的动态相互适应过程中得以发展。因此对于体育场馆功能的动态性，需要有弹性可变的空间结构与之相适应，而弹性可变的空间结构又为功能与环境的动态适应提供了条件。在研究外在功能动态表象的同时，必须深入内部，探索其结构本质的变化。

二、信息反馈律

信息是系统控制的基础，信息反馈是系统的输出和输入之间，以及系统之中的不同要素、不同关系之间的相互作用。正反馈和负反馈是信息反馈的两种基本形式。正反馈和负反馈都对系统具有重要的控制、调节作用。负反馈能够保持系统的稳定性，使得系统表现出合乎目的的行为；而正反馈能够推动系统失稳，加速系统的发展演化。正反馈与负反馈既相互区别、相互对立，又相辅相成、相互转化，它们的辩证统一体现了系统稳定性和发展性相统一的辩证法。

现实世界的系统都是在稳定的基础上得以发展，通过发展又获得新的稳定性。体育场馆一方面要注重通过负反馈实现对环境的适应，保持环境发展的稳定性与连续性；另一方面也要重视场馆的建成和使用对环境发展变化的推动（正反馈）作用。当代，通过体育场馆的建设带动城市整体环境的发展与改造仍是一个极具现实意义的重要问题。动态与适应是正负反馈作用辩证统一关系的体现，也是动态适应性设计需要协调的矛盾的两个方面。

三、竞争协同律

"系统内部的要素之间以及系统与环境之间，既存在整体同一性又存在个体差异性，整体同一性表现为协同因素，个体差异性表现出竞争因素，通过竞争和协同的相互对立、相互转化，推动了系统的演化发展。"

竞争与协同是系统发展过程中的一对矛盾统一体。系统之间通过竞争实现协同，而在协同的过程中又存在竞争，竞争与协同是事物动态发展过程中的行为关系，也是在动态发展的过程中实现了统一。动态适应性设计不能回避竞争的存在，更应注重协同的作用，不能孤立得看待问题，必须重视要素与要素、系统与其他系统之间的相互作用，通过动态适应性协调竞争与协同的关系，从而实现局部与整体的和谐共生、共同发展。

"物竞天择、适者生存"。体育场馆处于城市这一复杂巨系统之中，它与城市中的其他建筑、设施存在着功能上的竞争，同时也相互依托、协同共生。竞争推动场馆不断调整自身的功能结构，以在竞争中取得优势，而协同使场馆与其他设施之间彼此取长补短，获得更加良性的生存环境。竞争与协同同样存在于场馆内部空间各组成要素之间，随着体育场馆功能多样化、综合化的发展，这种竞争与协同将更加突出。

四、阶段稳定律

系统的存在意味着系统具有一定的稳定性，系统的发展变化是在稳定基础上的发展变化，一个全然变动不定的世界是不可想象的。运动是绝对的，而稳定是相对的、有条件的和阶段性的，绝对的运动正是通过无数的运动之中的相对稳定存在表现出来的。没有脱离稳定的发展，也没有脱离发展的稳定，系统的稳定和发展具有同一性。发展变化以稳定存在为基础，稳定存在以发展变化为自己的前提。

用耗散结构的理论来说，开放系统的阶段稳定总是在一定的目标（吸引子）作用下形成的，通过系统的自组织行为维持的、有条件的动态平衡。每个稳定定态都是系统与环境相互作用而达成的均衡状态，环境改变了，原有的均衡被打破了，系统就要相应的调整目的态，以求与环境达成新的平衡。系统的动态适应过程正是这种由一个阶段稳定状态向另一个阶段稳定状态不断衔接，发展与稳定辩证统一的动态过程。

动态适应性设计首先要保证设计对象的相对完整性，能够在一定时间范围内、一定外界条件下充分地满足某一或某些目的需要；同时也要认清这种稳定是阶段性的和有条件的，通过对设计对象灵活性的控制，随着环境的发展变化合理地安排好各阶段的衔接，实现发展与稳定、弹性与高效的统一。这也是重视体育场馆赛后利用问题的根源之一。

五、优化演化律

优化是系统演化的进步方面，是在一定条件下对于系统的组织、结构和功能的改进，从而实现耗散最小而效率最高、效益最大的过程。系统的优化是在演化中实现的，没有离开演化的优化。离开演化，系统的组织、结构和功能就不会有新的变化，因此就谈不上优化。而演化不等于优化，演化既可能是向上发展的进化趋势也可能是向下发展的退化趋势。动态适应性设计就是要通过对系统的优化控制，保持其向进步的方向发展，避免其衰败退化。

优化并非是某种点式的优化，其核心是系统作为一个整体的优化。体育场馆的设计建设不仅要实现自身多功能空间体系的整体优化，还要通过其与环境的相互作用实现城市环境的整体优化，努力实现局部优化与整体优化的辩证统一。

优化总是与一定的目的相联系的，离开目的性就没有参考点，就无法定义优劣。系统的优化又正是系统实现目的的过程与手段。而具体就体育场馆建设、运营的现实来说，环境的发展变化往往是不可预知的，同时环境的发展变化又影响着场馆的使用目的和运行条件等，在这样的情况下体育场馆的目的性大都是多元的和动态的，因此，需要通过动态适应性设计建立随着环境发展变化而发展变化的动态适应机制，使体育场馆不但可以对于单一目标实现优化，而且可以针对整个动态目标体系实现优化，协调统一短期利益和长远利益的关系，从而实现全生命过程的优化，这也是整体优化的重要方面。

第三节　设计原则

设计原则是宏观思想理念在设计中的具体反应，是理论与实际相结合所产生的直接指导设计实践的基本宗旨，是控制设计方向、实现预定目标的保障。体育场馆动态适应性设计的原则主要包括如下几个方面。

一、整体开放原则

开放是发展的前提，是动态适应的基础，动态适应性设计注重建筑的开放性，提倡建筑对环境整体开放。

系统与环境的相互联系、相互作用是通过交换物质、能量、信息实现的。系统能够同环境进行交换的特性称为开放性。一个系统，只有对环境开放，同环境相互作用，与外部交换物质、能量、信息，才能生存和发展。"耗散结构"理论指出，处于非平衡状态的开放系统，在与外界不断交换的过程中，输入了负熵流，使系统的熵值减少，从而维持系统的有序性。体育场馆作为城市系统的一个子系统，必须对环境充分开放，在保证与环境联系紧密、交流通畅的基础上生存发展。合理的开放不但能够有力地促进城市的发展，其自身也将取得良好的生存条件。反之，如果体育场馆不面向社会需求、不结合城市空间发展，开放不足、故步自封，其自身效益必将受到影响，逐步走向衰亡。

开放是多方面的、整体的、全面的开放，不是局部、片面的开放。它是一个包括：体育场馆外部空间对城市公共空间系统开放、建筑功能对社会需求开放、建筑艺术向地域文化开放、建筑技术向经济技术条件开放等多方面的综合系统。通过开放使体育场馆能够有机地融入城市整体空间环境和社会的宏观发展运行之中。

另外，开放也有一个"度"的问题。如果不开放，那样会使系统缺乏活力，难有发展；也不能盲目开放、过度开放，对于外界环境毫无过滤和选择，就会产生混乱，体育场馆自身的功能特色不复存在了，也就失去了其存在的价值。因此，体育场馆的开放应有"度"的把握，充分开放是在体育场馆得以稳定发展基础上的充分，而非无条件的越开放越好。

有选择性的适度开放，即在保持体育场馆相对独立自主性和类型特点的基础上对环境充分开放，是整体开放原则的关键。

　　美国建筑师 Ellerbe Becket 设计的西部体育场，不但是 NBA "太阳队"的新主场，而且也是凤凰城的活动中心。它位于城市 CBD 的南边，可举行篮球赛和音乐会，并设有餐厅、写字间、美食广场等。为了对城市空间充分开放，建筑师将美食广场的入口与城市主干道相连，创造了一个小型城市广场，共同服务于观众与周边市民。而海牙的 Ado 体育场设计方案（图 2-3）在没有体育赛事的时候，作为城市公共设施向公众开放，为市民提供了餐饮、娱乐、购物、休闲等多种服务。彼得·艾森曼设计的西班牙拉克鲁尼亚 Riazor 体育场设计方案（图 2-4）则将部分的屋盖结构一直延伸到了海岸，成为城市公共景观空间的有机组成部分。这种方式一改体育建筑封闭的传统形象，拉近了建筑与城市空间的距离，给人们以更多的亲切感与认同感。这些在空间、功能和景观等方面充分向城市环境开放的国外成功实例，值得学习和借鉴。

图 2-3　海牙 Ado 体育场设计方案

（图片来源：Chris Van Uffelen . 2006
Stadiums . Page One，2005：162,114）

图 2-4　拉克鲁尼亚 Riazor 体育场设计方案

（图片来源：拉科鲁尼亚体育场．世界建筑．2004，
（1）：66-67）

二、和谐发展原则

　　和谐与发展是辩证统一的关系。片面地追求和谐而忽视发展，会使系统趋于僵化、扼杀创新，从而很难实现真正的和谐；相反，一味地追求发展而忽视和谐，会激化矛盾、加剧不平衡，产生混乱甚至使系统崩溃，从而实现不了真正的发展。动态适应性设计思想强调在和谐中求发展、以发展促和谐，实现和谐与发展的统一。

　　和谐发展原则不仅强调人类社会是一个相互联系的系统，而且强调系统内部各子系统的协调互动。建筑不是天外飞仙，它存在于一定的时空环境内，它的建设必然受已有环境的制约，而其存在和发展也将对未来环境的发展产生影响。对于体育场馆而言，影响场馆动态适应性的因素是内、外结合，多层次、多方面的，内部因素之间的和谐、内

因与外因之间的协调发展，是体育场馆实现动态适应的基本条件。

首先，体育场馆的和谐发展要把建筑的经济效益、社会效益和生态效益有机统一起来，综合平衡。谋求建筑与人类社会和自然环境和谐共生，在大力发展场馆自身功能的同时，推动环境的全面进步。

其次，和谐发展必然是可持续的。场馆现在的建设既要考虑过去已建成环境的影响，又要考虑城市未来的发展。综合平衡过去、现在和未来的关系，保持环境发展的关联性和连贯性，实现继承与创新的统一。

最后，和谐发展要求体育场馆内部各组成要素各尽所能、各得其所而又和谐相处，即场馆的空间功能、结构技术、造型艺术等各方面整体协调而又全面发展。

三、多元综合原则

多元综合原则是从系统组成的角度，强调体育场馆功能组成的多样性，以此实现对城市各种社会需求的多样满足，从而扩展体育场馆的功能适应范围。

当代，人类越来越身处一个多元并存、事物发展多极化的社会中，不但不同的人群对同一事物有着不同层次的需求，即使是同一个人对同一事物也有不同方面的要求。面对一个多元化的世界，现代建筑也呈现出随着社会、经济的发展，从简单到复杂，从单一到多元的趋势。多元化给建筑的发展带来了活力和新意，使人们在参与社会活动时更自由，更具有选择性。对于体育场馆而言，随着体育产业化的进一步发展，体育场馆以竞技体育为唯一功能的单一发展模式已经结束。体育场馆作为群众体育娱乐的重要场所之一，以体育为主导，集体育、健身、娱乐、商业等功能的多元综合模式蓬勃发展。各种功能之间的相互渗透和有机结合，产生了更大的经济效益和社会效益。体育场馆采用多个不同规模，不同用途的空间相组合，以满足不同群体、不同形式的多种使用已是一种发展趋势。

例如，英国考文垂理光足球场综合体（图 2-5），围绕 32500 座的足球场设置了 13000m² 的超市、可容纳 6000 人的会议展览空间、可容纳千人的宴会厅以及一个街区活动中心，同时还考虑在二期增加一座 250 床的酒店等设施。又如国际著名体育建筑专家罗德·夏尔德设计的 Arena 2020 概念方案模型（图 2-6），将居住、商业、旅馆、办公等设施与体育场馆复合，通过与周围城市设施相互补充，形成一个集体育、娱乐、商业、办公等多元综合的名副其实的"不夜城"。

另一方面，只片面强调多元性有可能带来杂乱的不良后果，使系统的整体功效在内部多元素的相互矛盾之中得到削弱。因此，强调多元的同时还必须强调综合，多元要求各组成部分具有相对的独立性，而综合则强调要素之间的有机联系、相互作用。多元与综合的辩证统一是系统良性运转的保证。

图 2-5　考文垂理光足球场综合体

（图片来源：http://xm-olympic-museum.org/
london2012/article_detail.asp?n_id=1316）

图 2-6　Arena2020 概念方案模型

（图片来源：马国馨．体育场设计刍议．建
筑创作．2001（增刊）：25-26）

四、弹性应变原则

"兵无常势，水无常形，能因敌变化而取胜者，谓之神。"——孙子兵法。

具有动态适应性的体育场馆可以看作是一个有机的生命系统。以生态学的观点，任何有机生命体在其面临环境变化时都能根据环境的变化而改变自身的功能结构，通过弹性应变实现对环境的适应——即具有应激性。顾孟潮先生指出："从生态观念出发进行建筑设计，最重要的要求就是给建筑注入生命，使建筑'活'起来，这也是与以往的建筑最大的区别点。古老的建筑作品的基本特点是稳定性、不变性、完美性，所谓'凝固的音乐'成为最高评价。而今天恰恰相反，人们和时代要求建筑具有非稳定性、多变性、流动性的特征，要求把建筑由不变的空间环境，变成可变的、多变的环境。"

体育场馆的"应变"能力是依靠其内部空间结构所具有的弹性实现的。弹性是指系统根据环境的改变而改变自身组织结构，从而表现出不同功能的能力。弹性越高，系统的应变能力越强。具有弹性的系统必须是由多个主体组成的复杂适应系统。区别于单一主体各组成要素之间刚性连接，彼此相互依存，无独立性，某一要素的改变将影响整个主体功能的发挥，甚至使主体消亡的特点。由多个主体组成的弹性适应系统，各主体具有相对的独立性，主体之间通过弹性接口相互连接，有较大的自主性和可变性，单个主体可根据需要在一定范围内发展变化，而不会影响系统整体的存在。主体具有主动性和适应性，系统的发展是靠各主体的发展变化和相互协同实现的。主体与主体之间，主体与系统之间存在多种相互关系。主体的弹性和主体之间接口的弹性构成系统整体的弹性。对于体育场馆而言，就是指其单元空间的灵活性、兼容性和空间组构关系的多样可变性共同构成了场馆的整体弹性应变能力。从另一个层次来看，也是指建筑构成要素如场地、座席、结构、设备等的灵活性和空间弹性组织关系的综合。

以往的竞技型体育场馆，大多只针对特定的一种或几种体育比赛而建设，场馆空间结构单一、设施固定，很少具有弹性应变能力。后来随着多功能设计思想的发展和活动座席等设施技术的应用，体育场馆的弹性应变能力大有提高，多种比赛项目、集会、文艺演出、展览等功能可以在同一场馆中进行，大大提高了场馆的利用率。但在这一阶段，设计的重点往往集中于比赛厅的设计，而大量的相关附属空间被忽视。动态适应性设计倡导提高建筑整体综合的弹性应变能力，比赛厅、训练房、多元的附属空间、各种设备设施不但要提高各自的灵活性，还要注重相互之间的弹性组织、系统协同，从而使体育场馆的应变能力发生质的飞跃（图 2-7）。

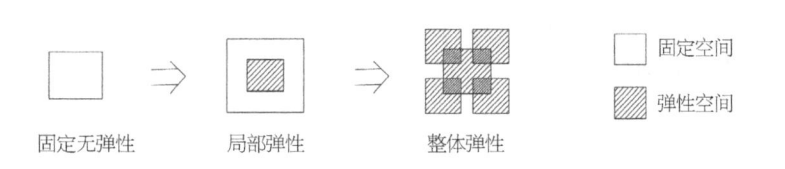

图 2-7　体育场馆空间弹性的发展示意图

通过增加空间弹性，以提高场馆功能效益的做法，已经成为现代体育场馆设计建设中的重要方面。其弹性应变的深度和广度表现出逐渐加强的趋势。例如，日本福冈 DOME 通过活动座席区的变化，可以实现棒球和足球场地的转换，同时其屋盖还可以根据不同的天气情况开启或关闭，适应不同的气候条件（图 2-8，图 2-9）。而安联足球场可以通过界面颜色和图案的变换实现对不同比赛队伍主场意向的表征（图 2-10）。

图 2-8　福冈穹顶屋顶打开状态
（图片来源：日经カーテワヲコカ. 福冈ドーム. 日经 BP 社，1993：9，75）

图 2-9　福冈穹顶屋顶关闭状态
（图片来源：日经カーテワヲコカ. 福冈ドーム. 日经 BP 社，1993：9，75）

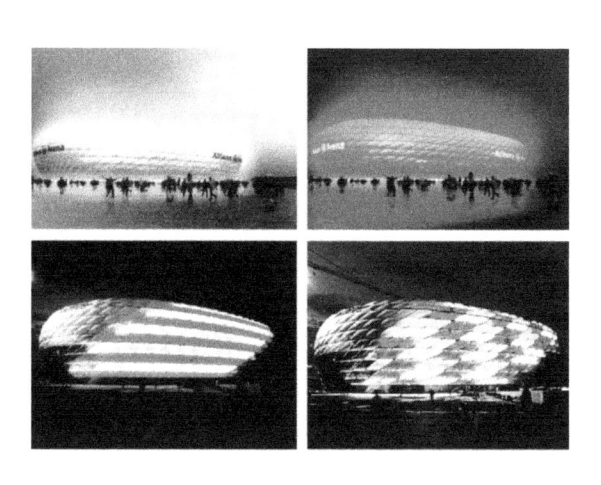

图 2-10　慕尼黑安联体育场表皮变化效果

（图片来源：杨峰．表皮媒介科技——解读德国慕尼黑安联大球场．世界建筑．2005，（4）：90-93）

五、生态高效原则

当代，能源危机、环境污染已经成为影响社会可持续发展的主要矛盾之一，而对正处于人口众多、资源相对匮乏的中国，生态环境与自然资源状况也面临严峻挑战。首先，中国生态环境具有先天脆弱性：国土面积的 65% 是山地或丘陵、70% 每年受季风影响、33% 是干旱或荒漠地区……这些数字背后一个残酷的现实是 55% 的国土面积不适宜人类生活和生产。其次，中国人口多、资源相对不足日益成为制约发展的突出矛盾。我国人均水资源拥有量仅为世界平均水平的 1/4，600 多个城市中 400 多个缺水，其中 110 个严重缺水。我国人均耕地拥有量不到世界平均水平的 40%。石油、天然气、铜和铝等重要矿产资源人均储量分别只占世界人均水平的 8.3%、4.1%、25.5% 和 9.7%。这些都说明，在当今世界和当代中国，并非任何发展的道理都是硬道理，社会的发展必须走生态高效的道路。绿色、生态、健康、节能高效已经成为当代社会发展的大势所趋。

诺曼·福斯特在布宜诺斯艾利斯建筑双年展的报告中指出："目前世界的能源消耗有 50% 发生在建筑上，建筑师的责任是高效配置资源并且落实到改善民用空间质量上。"体育场馆的设计建设更应重视生态高效问题，顺应时代的发展趋势，承担起创造生态节能型社会的重任。另外，运营成本直接影响到场馆的效益。因此，无论从宏观社会发展方面，还是从场馆自身运营来说，生态高效都是体育场馆需要注意的重要方面。动态适应性设计思想认为体育场馆的设计与建设必须始终贯彻生态高效的原则，节能降耗、保护环境，只有这样才能缓解建筑与自然、社会的矛盾，实现可持续发展。

例如，日本熊本县民综合运动公园室内运动场（图 2-11），通过对太阳能、雨水、地热能的综合利用，引入自然采光和对空气热动力学的应用等手段，实现了能源的高效利用，有效地降低了场馆的运营成本，使其真正成为市民用得起、用得舒适的体育场馆。而2000年悉尼奥运会体育场馆内的座席全部是由废旧木材、废金属和废塑料等加工后制造，是贯彻循环再生的环保节能原则的最好见证。

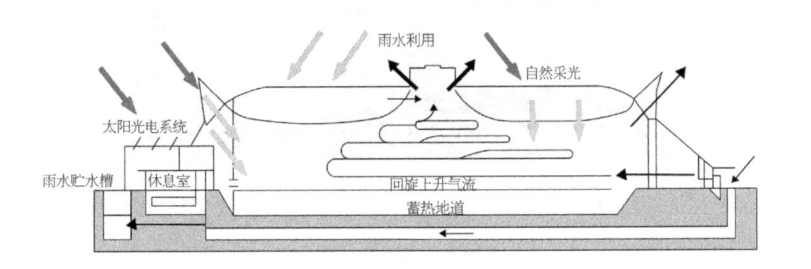

图 2-11　日本熊本县综合运动公园室内体育场的生态化设计

（图片来源：乐音. 当代体育建筑生态化整体设计研究. 同济大学博士论文，2005：83）

上述各条设计原则虽然各有侧重，但实际上是一个彼此相互关联、对立统一的整体。在具体的设计实践过程中，不能片面地强调某一点或忽略某一点，而应结合实际情况综合参照，统筹考虑、灵活调配，只有这样才能充分体现动态适应性设计的宗旨。

第四节　程序与方法

"过程决定结果"，先进的设计思想与理念必须由科学的设计程序与方法将其付诸实践，才能产生效用，成为现实。我国体育场馆建设中出现的许多问题就是由于理论与实践脱节，设计程序缺失、设计方法落后所造成的。与体育场馆动态适应性设计理念相对应，需要根据其理论内涵对具体的设计程序和设计方法进行相应的调整与发展，建立与之相适应的实际操作体系。

动态适应性设计突破传统片面的、静态的、条块分割、相互脱节的设计模式，取而代之以灵活的、多元的、综合的设计方法指导设计工作。在设计程序的完善性，结构的合理性，衔接的连续性、方法的多元综合性等方面都有质的飞跃。其特点主要体现在设计过程中的"多目标关联、多学科交叉、多阶段综合、多部门协同、综合评价反馈"等几个方面。

一、立项策划阶段——建立多元、多层次关联的弹性目标体系

无论是在传统建筑还是在现代建筑设计中，目标的制定始终是设计实践的前提和基础，是整个设计工作围绕的核心。其中建筑立项是对建设目标的确立，策划是对目标的具体化研究，设计建设是实现目标的过程和手段，而建成后的评价反馈也是以目标为依据的。由此可见，建立科学合理的目标体系对建筑设计工作十分重要。

与传统的单一目标、线性设计模式不同，动态适应性设计认为现代体育场馆的建设目标，是一个多元关联、多层次分步发展的综合体系。随着建设模式和投资主体的多元化，现代体育场馆，其功能已由传统单一的竞技型向多元综合方向发展，而其所涉及的领域、社会影响的外延也在逐渐扩大。仅以单一的某一特定目标指导建筑设计已无法适应现代体育场馆的发展趋势。从建筑的长期使用和可持续发展的角度来看，仅仅根据当前可能性确定的目标，随着环境的发展和实际情况的改变，往往容易陷入过时和落伍的境地，不能满足建筑随环境发展而发展的动态适应要求。因此，要实现体育场馆的动态适应，其目标体系必须是一个横向多元化、纵向多层次，长远目标与具体目标相结合的弹性综合体系。各目标单元之间，各阶段、各层次之间彼此相互关联，而且可以根据实际情况的发展变化而做出相应的弹性调整，以适应不同时期的需求，从而实现共时性的多元整合和历时性的多阶段整合。

（一）多阶段目标整合

韦氏大学字典中目标的定义为："目标是一个设计拟达到的终点。"这一"终点"是某一设计阶段的终点，而不是建筑整个生命周期的终点，它具有相对性。在建筑全生命周期的过程中，随着环境的发展变化，不同时期，建筑必然有与之相对应的不同阶段的目标。根据这一概念，J·约狄克将设计目标划分为理想目标和具体目标。所谓理想目标指的是值得追求的，但在现有的条件下达不到，需要经过长期的发展而实现的状态。所谓具体目标则是现实可行的，在相对较短的时间内可以落实的目标。理想目标是由多个阶段的具体目标，通过不断的建设和发展实现的，它与具体目标是相对而言的，分别属于宏观和微观的不同层次。理想目标为发展指明了方向，具体目标则是实现理想目标的各个阶段。理想目标既是各阶段具体目标制定的依据，也是各阶段具体目标整合的结果，它可以根据各阶段具体目标的实现情况和环境的发展变化而进行丰富、完善和调整。

如2012年伦敦奥运会的策划者认为："如果一个建筑方案没有明确的奥运后计划，就不能做。"为此在场馆设计与建设之前，伦敦市政府将奥林匹克公园与周边城区发展相结合，制定了既满足奥运会举办要求的设计目标，同时又进行了赛后场馆改造、利用和带动周边城区逐步发展的长周期发展规划。实现了赛时与赛后各阶段目标的整合与综

合优化，既满足了成功举办奥运会的要求，又达到了场馆与城市环境良性互动、协调发展的相对理想状态。1996 年亚特兰大奥运会主体育场也是一个值得借鉴的例子。在规划奥运场馆的初始阶段，亚特兰大奥运组委会就提出，无论何时只要可能，奥运会的场馆在 19 天的比赛结束之后都将被普通民众所广泛使用，以便留给亚特兰大市、佐治亚州，以及它的居民一笔可观的遗产。为此，在主体育场的设计中亚特兰大奥组委在场馆设计建设之初就制定了双重的设计目标体系。由于奥林匹克体育场赛后将作为亚特兰大勇士队最终的主场，球队的特殊需要就影响了整个设计建造过程。在设计的起始阶段，奥运会和勇士队的大致需要就被各自列举出来（表 2-1），通过对奥运会赛时与赛后日常使用双重目标的整合，最终亚特兰大奥运会主体育场的设计建设取得了成功，实现了场馆的持续高效利用。

亚特兰大奥运会主体育场双重设计目标比较表   表 2-1

奥运会的设计目标要求	勇士队的设计目标要求
比赛场地需要满足国际田径联合会 关于田径比赛的要求	比赛场地需要满足所有职业棒球比赛的要求
运动员的隔离控制	更衣室内的隔离控制
运动员热身区和更衣室	运动员更衣室（主队和客队）
贵宾、联邦官员和运动员的安全保卫	运动员的安全保卫
供转播用的摄像机位（大约 25 个）， 文字记者席（600 个）和媒体设施	供转播用的摄像机位（大约 15 个），文字记者席（50个）和媒体设施
85000 座席	47000 座席

（资料来源：P.D.Thompson，J.J.A.Tolloczko and J.H.Clarke．Stadia，Areanas and Grandstands ——Design,construction and operation．E & FN Spon，1998：105.）

（二）多元目标整合

多元目标整合是指在同一阶段的设计目标中，同时存在多个方面的目的与要求，这一阶段的具体目标，是多个子目标综合与优化的结果。从前面有关动态适应性设计的内涵的探讨中，已经阐明动态适应性设计是整体性、动态性和复杂性的统一，多维度适应是动态适应的特征之一。现代体育场馆设计追求建筑与环境、建筑与资源、建筑与文化、建筑与人，以及建筑与社会经济等诸多方面的和谐共生。所以，体育场馆动态适应性设计是一项多目标综合的系统工程。

第一，资源环境目标。资源环境是支持体育场馆运营的基础，同时也影响、制约着建筑的发展。现代体育场馆的设计建设必须关注影响建筑使用，甚至是人类生存的生态环境与资源危机。为此应实现以下目标内容：建立自然系统、人工系统与人文系统良性循环、动态开放、和谐共生的复合环境系统，使体育场馆与地区经济和使用者生活共生互动、持续发展；尊重并顺应自然环境，合理利用自然环境中的制约因素，实现有机生长，将建筑对自然环境的破坏减少到最小程度；使用可再生和可回收利用的材料，降低建筑物所用建筑材料对能源的消耗，节水、节能、节地，创造健康、安全、舒适的室内外环境；提高能源系统的效率，减少对不可再生能源的利用，减少建筑材料运输过程中对环境的影响，促进当地经济发展。

第二，功能目标。根据社会需求制定科学合理的功能目标是体育场馆设计目标体系的重要组成部分。动态适应性设计提倡"以体为本、主次分明、多元有机、开放灵活"的功能目标建构原则。

根据我国《体育场馆设施使用管理条例》的规定，我国体育场馆的功能可分为主体功能、附属功能和其他相关功能三个层次。举办竞技比赛是体育场馆的主体功能；开展群众性健身娱乐活动、进行运动员的训练培训是体育场馆必须重视的重要附属功能。另外，体育场馆是现代城市不可缺少的重要设施，除开展体育活动外，集会、展览、文艺演出、商品销售、餐饮等其他相关功能对扩大场馆使用范围、提高场馆综合效益也很重要。因此，现代体育场馆的功能目标可以概括为以下几个主要方面：通过建立完善的功能体系和灵活的空间结构，符合体育工艺和国际体育比赛规则、标准的要求，满足观众欣赏体育比赛的舒适性，高质量完成举办多种体育比赛的任务；充分发挥体育场馆的作用，为群众健身娱乐活动的开展提供条件，起到促进全民健身运动开展的作用；作为体育产业的重要基础设施，适应体育产业的多方面需求，为体育产业化发展提供必要的硬件条件；在体育功能的基础上，充分发挥场馆的空间效益，提高场馆利用率，为城市多种功能需求服务，实现对体育功能的补充；将体育场馆的主体功能、附属功能和相关功能等各个方面优化、整合为一个整体，实现有机相容、协调互补，达到竞技体育与群众娱乐兼顾、社会效益与经济效益共赢的目的。

第三，文化审美目标。现代体育场馆建筑体量巨大、空间形态独特，对于城市景观、地域文化环境的形成有着重要的影响，具有突出的景观功能和审美价值。其文化审美目标包括：现代体育场必须是对体育运动精神特质的尊重与真实反映，表现出和谐健康、朝气蓬勃、富于动感的独特建筑类型特点；与地域环境、文化传统有机契合，挖掘地域文化环境的深层内涵，创造适宜当地环境特色的独特建筑形象，丰富城市空间景观环境；体现时代精神，反映时代风貌，充分展示科学发展、技术进步给建筑创作、社会审美心理和生活方式带来的新变化。

第四，经济技术目标。经济技术目标对于体育场馆的设计建设也十分重要，它是体育场馆最根本、最具体的影响因素，其内容包括：体育场馆的设计建设与城市经济条件相适应，促进地区经济的发展；技术应用与空间功能、建筑形象完美结合，实现技术与艺术的统一，并为空间的灵活高效提供最大的可能性；技术应用适宜高效、生态节能，充分挖掘地域材料和传统技术的潜力，节约资源，做到少费多用、绿色环保。

通过以上的论述，我们可以看出体育场馆动态适应性设计的目标体系呈现出多元、多阶段、多层次综合的复杂网络结构，与线性、单一的传统建设目标相比较，它具有较大的开放性、连续性、弹性和综合性，从而为动态持续的指导场馆的设计建设与生长发展奠定了基础。

二、规划设计阶段——搭建多学科交叉、多阶段综合与多部门协同的设计平台

（一）多学科交叉

动态适应性设计的整体性和复杂性，以及现代体育场馆内涵的丰富性和外延的不断扩展，决定了其设计必然是一个多学科交叉协作的过程。

现代建筑学与时代脉搏一起跳动，与现代自然科学和社会科学相互关联、相互借鉴和相互融合，形成了一个完全开放的、全新的、系统的体系（图2-12）。维特鲁威在《建筑十书》中是这样描述建筑的："建筑的学问很广泛，是由多种门类知识修饰丰富起来的。"随着社会的发展、城市化进程的加快、科学技术的日新月异，建筑学在不断地拓展自身的领域范围。除了哲学、社会学、经济学、政治学、物理学、管理学等传统科学外，计算机科学、传播学、行为心理学、环境学、生态学、人体工程学、系统工程学等新兴学科也已经渗透到建筑学中。

体育场馆的动态适应性设计观认为，建筑设计应扩展自身的边界范围，向相关学科领域发展，与各种相关学科一起，最大限度地发挥其协调人与自然环境相互关系的作用，保护环境，合理利用资源，为人们创造可持续发展的美好生活环境。今天的建筑设计要跳出传统专业知识的封闭，积极主动地走向学科交叉的网络，通过进行跨学科的规划和设计，达到整合人工与自然整体环境的目的。

例如，1972年慕尼黑奥运会奥林匹克体育公园的设计工作，是由建筑师贝尼施和斯图特盖特，结构工程师弗莱·奥托，景观设计师盖德·格兹墨克，计算机图像师奥托·艾彻等多方技术人员组成的团队共同完成的。其工作过程中涉及场馆运营、赛事组织、体育工艺、建筑规划设计、结构技术、景观设计、计算机建模、材料科学等众多学科的交叉综合，很难想象仅凭借某一学科，可以设计建造出如此复杂、宏大的工程。而担任2012年伦敦奥林匹克运动会选址总体规划工作的主要规划团队是由易道公司领导的，包括：体育设施设计（Populars）、建筑设计（Allies & Morrison 和 Foreign Office Architects）、交通运输（Mott MacDonald）、公共工程和可持续性发展（Buro Happold）、财务管理（Faithful&Gould）、项目管理（Mace）、公共事务咨询（Fluid）等多工种、多

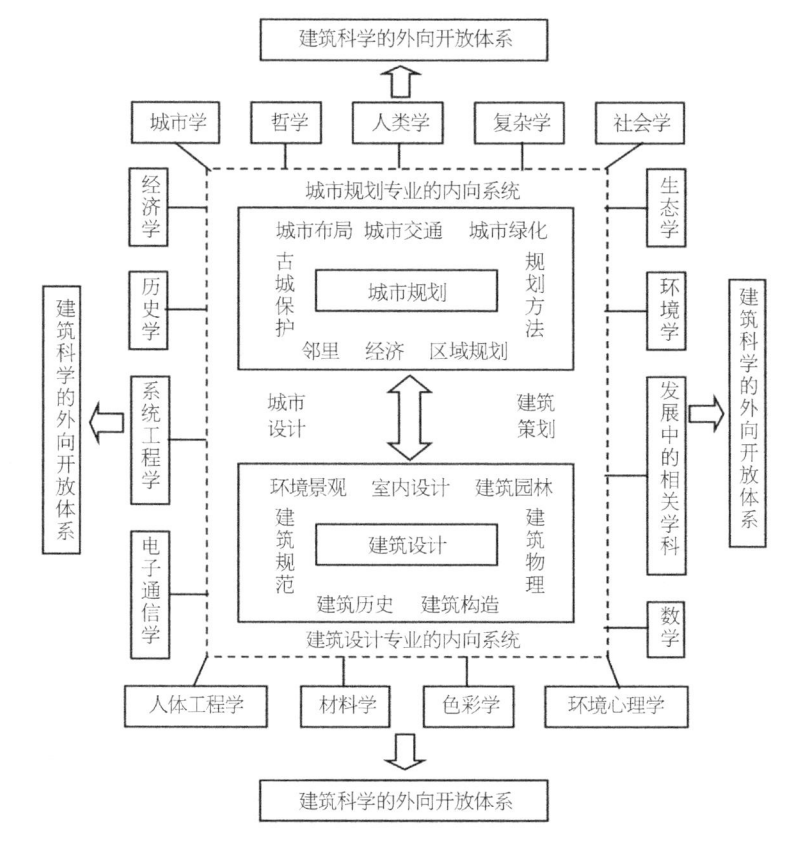

图 2-12　建筑科学体系的构成

（图片来源：庄惟敏. 建筑策划学导论. 中国水利水电出版社，1999：2.）

学科组成的设计专业团队。

（二）多阶段综合

现代体育场馆已突破了单体建筑的范畴，并与城市紧密地结合在一起，其设计无疑也必将突破传统设计阶段、设计范畴的约束，走向多阶段的开放、综合。现代许多体育场馆往往与周边城市空间综合开发、整体设计，是城市规划、建筑设计、室内外景观环境设计等多个设计阶段的整合与统筹，而城市设计、建筑策划等现代新兴的学科方向也进一步充实了建筑设计程序，拉近了原有各设计阶段之间的距离，使各设计阶段联系更加紧密，相互之间更易于融合。

例如，建筑策划就是介于总体规划立项和建筑设计之间的一个具有双向渗透性的环节（图 2-13）。向上渗透于宏观的总体规划立项环节，研究社会、环境、经济等宏观因素与设计项目之间的关系，分析设计项目在社会环境中的层次和地位、社会环境对项目的品质要求，确定和修正项目的规模、基调、性质等。向下它渗透到建筑设计环节，研究景观、朝向、空间组成等建筑相关因素，分析设计项目的性格，确定设计的内容以及可行空间尺寸的大小等。而作为建筑师，则往往要涉及多个设计阶段，并在各个阶段中起到组织和协调的作用。

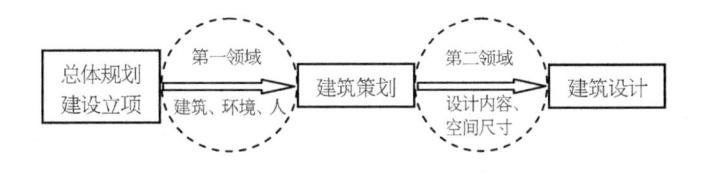

图 2-13　建筑策划的领域

（图片来源：庄惟敏．建筑策划学导论．中国水利水电出版社，1999：10．）

针对现代体育场馆赛时、赛后不同要求的多阶段综合设计目标，也需要有针对性地提出多套应对方案，并进行整体考虑、综合优化。

（三）多部门协同

与多学科交叉、多阶段综合的设计方法相对应，体育场馆的动态适应性设计要求建立多部门参与的协同工作机制（图2-14）。我国体育场馆建设尚未建立起多部门协同的工作机制。从目标体系的确立到具体设计，与之相关的建设部门、管理部门、规划设计等部门之间各自独立，缺少有机联系和积极合作。建设部门提出的项目计划在规模、投资、功能等关键问题上常常无专业人员参与，建设计划难免带有主观性、盲目性；而设计部门通常只是按建设部门提供的任务书照章执行，至于任务书规定的功能是否合理，建筑规模与投资是否适当则很少关心，以至于往往造成建筑与实际需要脱节，建设资金得不到合理分配与有计划的使用，降低了建筑综合效益。因此，体育场馆的设计建设需要从规划立项、策划设计到建设使用的全过程，加强多部门之间的协同工作，共同制定出科学合理、切实可行的建筑实施方案。特别是在强调体育产业化发展的当下，策划、设计与运营管理三者的有机结合对场馆建成后取得良好使用效果至关重要。专业化的运营团队应该参与项目立项、设计、建造的全过程。

例如，在大连体育中心体育馆的设计过程中，设计团队与场馆运营方深度合作，根据运营方提出的专业要求把控场馆设计的全过程。这种设计团队于专业运营团队的协作，可以有效地填补设计和使用之间的空白，避免建筑师的主观盲目性，为体育场馆赛时与赛后的动态适应奠定坚实的基础。

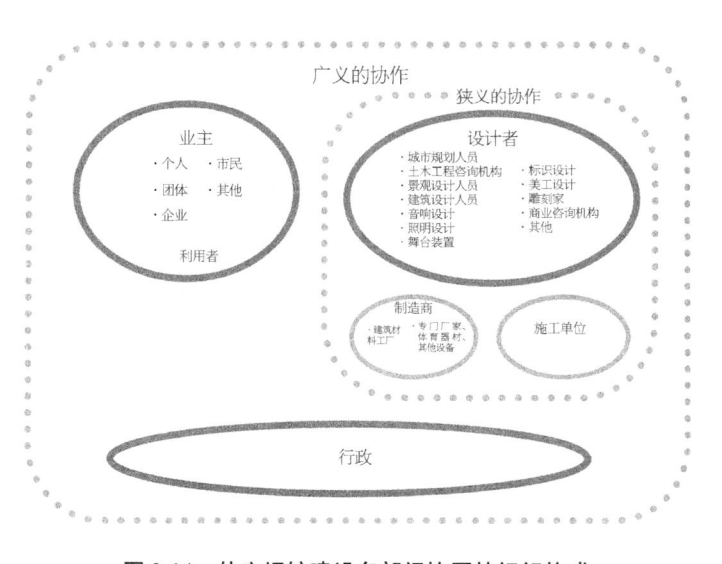

图 2-14　体育场馆建设多部门协同的组织构成

（图片来源：[日]NNT 城市开发公司，张鹰，徐皎，胡春玲译．建筑设计新理念——21 世纪建筑领域的 7 个
关键问题．福建科学技术出版社，2005：124．）

三、综合评价与反馈

动态适应性设计不但强调设计成果具有动态适应性，也同样强调设计全过程的动态适应性，通过及时有效的信息反馈不断校正设计的深入实施，使之与实际情况更加适应。评价反馈是动态适应性设计的重要方面。评价是指围绕特定目标，在特定条件下对设计成果做出优劣的判断。传统的评价往往是从美学或经济效益的单纯角度出发，而随着社会的发展，社会效益、环境效益也被纳入体育场馆的评价体系之中，强调评价反馈的综合性。综合评价是指不以某一固定目标与成果为评价依据，而是注重设计成果的灵活性和整体效益，从社会效益、经济效益和生态环境效益等多方面整合的角度，通过对多目标体系下设计成果的比较与优化，寻求具有综合实力和发展潜力的相对较优解决方案。

（一）评价反馈体系的阶段构成

体育场馆动态适应性设计的综合评价是对建筑设计各阶段成果的综合分析与判断，它蕴含于设计的全过程之中，具有不断反复的操作特点。具体来讲，根据建筑设计的不同阶段可将建筑综合评价反馈分为四个阶段：设计前评价、设计中评价、设计后评价和建成后评价（图 2-15）。每一环节分别对应于不同的评价主体——如设计前评价的主体以投资方、业主为中心；设计中评价、设计后评价以专业设计人员和专家为主体；建成

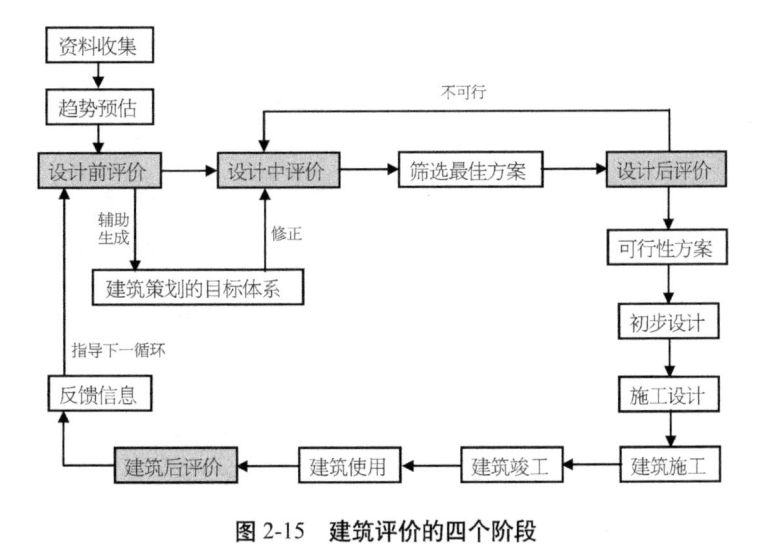

图 2-15　建筑评价的四个阶段

（图片来源：余力．建筑评价的基本框架．建筑学报．1995，（9）：12-15.）

后评价则以经营使用者为主，而公众参与无疑应贯穿整个评价过程。

在我国目前通行的设计程序中，前三个阶段的评价反馈工作得到了较为普遍的重视与应用，如设计前期的可行性研究、设计成果的专家评审等。而对于建筑建成后的评价反馈工作则相对薄弱，它使建筑的实际使用情况得不到有效的反馈，使动态的设计环节断链，影响了建筑的动态适应性。建成后评价反馈既是对特定项目的总结与回顾，同时又具有为下一个循环储备信息的性质。它考察的范围较广，信息反馈量大，具有比较广泛的应用价值与指导意义。

如我国为举办某些大型综合性运动会所建设的体育场馆，赛前建设投入大，赛后却门庭冷落、使用效率低下甚至被闲置不用。这其中有对前期策划环节忽视的缘由，而后评价环节的缺失或不完善是导致这种现象得不到有效矫正，使建筑对环境的发展变化失去有效应变能力的另一主要原因。完善后评价环节的作用机制将会有利于总结经验教训，形成监督机制，对设计出现的问题提出及时的改进措施，为场馆多元目标体系下的分阶段建设提供必要的参考，从而起到取长补短、动态优化的作用。

（二）评价反馈的主要内容

体育场馆的后评价反馈应该包括以下内容：

首先，是经济效益评价。在当今市场经济体制、产业化运营的条件下，作为有巨大资金投入的一种社会产品，体育场馆的经济效益无疑是评价的重要方面。经济效益是社会效益和环境效益得以实现的前提，同时也是检验设计决策、管理决策是否合理的重要标准。经济效益评价要注意短期效益和长远效益的综合。第一，寻求经济效益的实质，即合理支配建设资源，以较少的投入获得较大的收益。尤其在我国各种建设资源相对短缺的条件下，更有必要节约资金，并尽量提高体育场馆的利用率、扩展场馆的适用范围，以投入产出比来综合衡量场馆的经济效益。第二，树立"全寿命周期"的概念，不仅重视一次投资的节约，还要注意其运营使用过程中的费用及实物支出。不仅关注建筑一时的经济效益，还要关注建筑经济效益的持续、长远发展，形成建筑与宏观经济环境的动态良性平衡。

其次，是社会效益评价。如马克思所言"人也生产社会"精辟地点明了人类活动与社会之间的关系。作为人类改造自然、适应自然的人工产品，建筑的社会效益促使社会的不断进步和发展。体育场馆作为带有公益性质的城市基础设施，正在为越来越多的人服务，也承担着越来越多的城市功能，它所产生的社会效益也日益突出。

体育场馆的社会效益包括多个方面，归纳起来大致可以概括为物质效益和精神效益。在物质效益方面，体育场馆满足了社会的使用需求，丰富了城市的功能组成，为广大人民群众观赏高水平竞技体育比赛和亲身参与休闲娱乐活动提供了实实在在的物质条件。在精神效益方面，体育场馆提升了城市的空间景观品质，增加了城市的知名度，满足了人们的审美心理需求，促进了社会文化的发展。评价体育场馆的社会效益，要将以上两个方面相结合，进行综合考虑。

再次是环境效益评价。环境的日益恶化、资源的日益匮乏，使评价一个建筑物的环境效益愈加重要。体育场馆作为人们追求自然健康的环境场所，更应注重建筑自身对改善生态环境、保护生态平衡、促进环境资源合理高效利用等方面的作用。如场馆对城市微气候环境的影响、对自然植被的影响、资源的循环使用、有害物质的排放等。

（三）评价反馈的综合性

体育场馆的经济效益、社会效益和环境效益评价尽管各有侧重，可以分别进行定性、定量的评价，但这三者无法孤立的单独实现。它们之间常常是一种互为条件、互为因果的关系。对于建筑师来说，应该进行整体分析、综合评价，并通过对评价结果进行及时的反馈，不断修正设计的目标、方法和结果，以达到动态的优化场馆的综合效益，灵敏地适应环境的发展变化。

实践证明，经济效益、社会效益和环境效益之间往往会存在矛盾和冲突，这就需要综合协调。如有些体育场馆片面追求短期经济效益，将大量空间长期用作与体育无关的商业活动，影响了场馆社会效益的发挥，虽然可以短期获利、局部获利，但从长远发展和宏观整体的角度衡量却是得不偿失。因此，短期效益必须服从长远效益、局部效益必须服从整体效益。

总之，在对体育场馆的设计进行评价时必须意识到：

第一，评价要从项目本身出发，实事求是，分析项目的性质、规模、用地等，确立对该项目需要进行的主要和次要评价指标。

第二，在设计过程中，将会发现在经济、社会、环境效益以及项目自身与社会整体效益之间存在某些矛盾冲突，需要建筑师综合协调解决，综合效益的评价应该是最终具有决定意义的评价。

第三，体育场馆除了具有实用价值之外，还具有巨大的生态、文化等多重价值。应通过综合评价反馈，不断调整设计思路和方法，校正设计目标体系，将建筑单体设计放到城市的宏观层面上进行整体的、动态持续地考虑，形成建筑与宏观环境和谐发展的良性循环机制。

四、设计程序及特色

体育场馆的动态适应性设计程序可以简要地概括为如图 2-16 和图 2-17 所示。与传统设计程序与方法相比较，它是一个多元、立体的循环网络体系（图 2-17），其特色主要体现在以下四个方面：

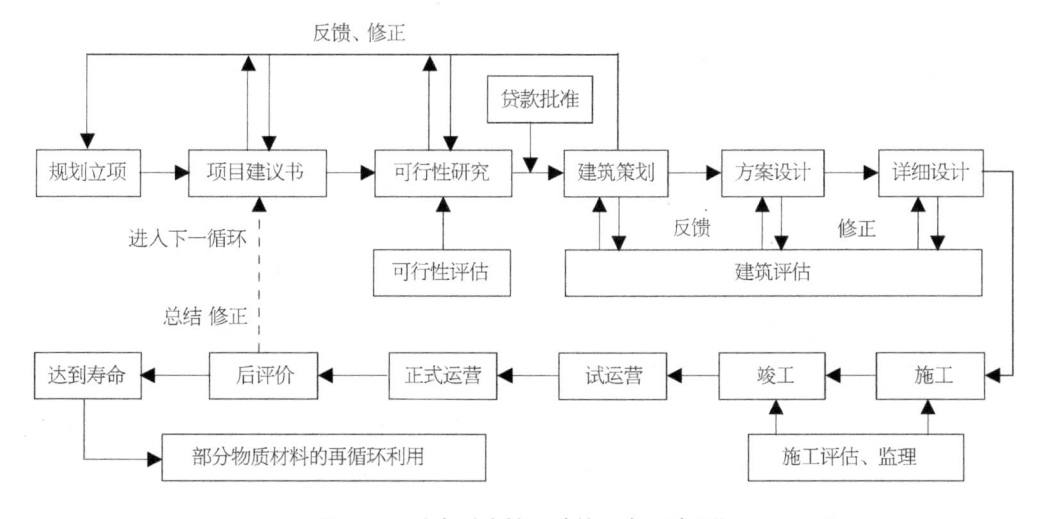

图 2-16　动态适应性设计的一个设计周期

（图片来源：马英. 娱乐体育设施的设计思维与对策. 哈尔滨工业大学博士文. 2001: 129.）

第一，动态适应性设计的目标不只是追求一个最终的理想图景，而是一个促使建筑与环境向良性发展的连续过程，它是一个多维度与多阶段的网络体系。

第二，有别于既有设计程序的片面性、单向性和静态性，动态适应性设计程序是多层次分级渐进、开放协同而又不断循环反馈的动态连续过程，程序的伸展余地大、适应

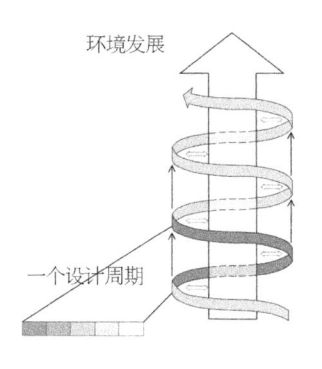

环境发展

一个设计周期

图 2-17　动态适应性设计的连续螺旋结构示意图

性强，有利于不同角色的参与和协调。

第三，设计内容上突破了建筑单体的局限，摆脱了单一物质空间的设计，而综合了社会、经济、文化、生态、技术等多种因素，更为全面系统，一切与场馆发展有关的因素，都有机会参与到设计过程中。

第四，在设计方法上改变了单向控制的做法，把建筑设计、建设、运营的过程看作是与环境系统双向互动、动态适应的过程。通过建立评价反馈机制，使设计程序自身可以进行自组织、自调节。

总之，动态适应性设计的程序是一套具有综合性、连续性、开放性特征的整体系统。它是现代体育场馆实现动态适应的重要机制保证。

在当代，BIM、大数据、深度学习等现代数字信息技术为动态适应性设计程序与设计方法的落地，为建筑设计提供了越来越强的支撑。以数字模型为载体，利用参数化设计平台，正逐步实现建筑设计多专业协同，多目标优化和设计、建造、运维与评价的一体化。从现实的发展趋势可以看出动态适应性设计思想与数字设计技术相结合，使动态适应性设计理论找到了技术实现途径，具备了应用与发展的必然性和现实性。

五、建筑师的角色与定位

在当代建筑师负责制逐步推行的大背景下，建筑师是建筑创作的主体，在建筑的设计与建设过程中起着重要的作用，其角色的成功与否直接影响着建筑的建成结果。作为当代的建筑师，要想胜任体育场馆这样复杂综合的高水平设计任务，就必须调整自身的角色与定位，扩展职责范畴，使建筑师成为整合多学科、协调各部门工作的核心。

建筑师的身份自古以来就比较特别。在中国古代，建筑师是与木工、瓦工等手工艺者分不开的。在中国古典名著《红楼梦》中，大观园的设计者被称为放样者，建筑师只是高级的手工艺者。在西方，建筑师是集雕塑家、画家、工程师于一身的，如米开朗基罗。随着建筑的发展，建筑师的地位得到了提高。建筑师的职责范围也发生了变化，他们跳出了营造匠的局限，开始拓展到城市规划、城市设计等领域。随着建筑的内涵和外延的不断扩展，建筑师的任务也越来越艰巨，为了解决越来越复杂的问题，建筑师必须加强各方面的修养，了解当前的新材料、新技术和新结构；了解当前其他各种艺术的思潮与风格；了解社会先进文明的发展趋向；了解其他相关领域如电、水、设备等先进技术；了解有关生态方面的相关科学；了解有关智能化、数字化等方面的相关技术，并从哲学等意识形态领域层面上提升自己的思维方法。一句话，建筑师有责任了解社会上目前及将来的需要，及时地修正自己的建筑观，为满足大多数人群不断增长的需求服务。

为了达到这样的目标，建筑师必须做到：第一，建筑师不能只管建筑设计，而应成为各方面因素的协调人；第二，向城市设计、规划、景观设计、生态设计、智能设计等领域扩展自己的职责范围，以便不只限于单体建筑物，而是从更宏观的范围，把握人居环境的创造；第三，进入正在发展的新产业模式、新文化艺术、新科学技术的政府、企业以及科研与教学部门，以多种方式，从不同层面影响建筑的发展。

本章小结

在人、建筑、环境三位一体的整体关系中，一方面，作为受控对象的建筑其内部空间结构的开放性、包容性、灵活性和高效性是建筑动态适应的关键影响因素。另一方面，隐含于建筑背后的设计程序与方法是生成和控制建筑物质空间的逻辑机制。

当代社会的复杂性和动态多变性使我国传统的设计程序和设计方法已经不能适应当代建筑设计工作的实际需求。现代体育场馆的类型特征也决定了其动态适应性设计不是建筑师的个人行为，它受到经济与社会、技术与美学、地域与文化等多方面的制约，需要经过一整套复杂的策划、设计、建设和管理系统来综合控制，需要社会各方人士参与。动态适应性设计提出了整体开放、和谐发展、多元综合、弹性应变、生态高效的设计原则，并从方法论的层面倡导建立多目标综合、多学科交叉、多部门协同、循环反馈的立体化、网络化的新型设计程序。而在建筑设计过程中具有重要作用的建筑师必须更新角色、转变观念、丰富内涵，善于统和各方面的因素，进行全过程控制和综合创作。

参考文献

[1] 魏宏森，曾国屏. 系统论——系统科学哲学 [M]. 北京：清华大学出版社，1999：201,213.

[2] 许国志. 系统科学 [M]. 上海：上海科技教育出版社，2000：25，262.

[3] 顾孟潮. 未来的世纪是生态建筑学的时代 [J]. 建筑师，33 期：12-14.

[4] J·约狄克著. 冯纪忠，杨公侠译. 建筑设计方法论 [M]. 武汉：华中工学院出版社，1983：13.

[5] 马国馨. 节约型社会与大型体育赛事 [J]. 城市建筑，2006（3）：8-11.

[6] P.D.Thompson J.J.A.Tolloczko and J.H.Clarke. Stadia，Areanas and Grandstands ——Design, construction and operation . E & FN Spon，1998：105.

[7] 杨峰等. 体育场地管理 [M]. 北京：人民体育出版社，1997：3-4.

[8] [美] 伦纳德 R. 贝奇曼著，梁多林译. 整合建筑——建筑学的系统要素 [M]. 北京：机械工业出版社，2005：15，242-252.

[9] 易道公司. 2012 年伦敦奥林匹克运动会选址总体规划 [J]. 城市建筑，2005（8）：49-51.

第三章

整合共生——体育场馆宏观适应性设计策略

建筑存在于环境之中，其动态适应是对环境的适应。建筑的存在既影响着环境的发展，又依赖于环境的支持。它们之间是系统与子系统、部分与整体的关系。良好的环境有利于建筑充分发挥其使用效益，反之，环境的恶化也会使建筑个体走向衰亡。因此，宏观层面整合建筑与环境之间的关系，建立良性的共生机制，使建筑建设有利于环境的整体发展，同时通过环境的逐步完善，使建筑运营更加高效，是动态适应性设计在宏观层面的追求目标。

作为城市中的重要公共建筑类型之一，现代体育场馆与城市开发建设相结合，突破了建筑单体的范畴，具有城市整体建设意义，其规划、设计、建设与使用无不与城市环境紧密关联，体现出开放共生、协同互动的发展趋势。体育场馆一方面必须与城市环境相和谐，并且要充分发挥其在城市建设中的特有作用，促进城市发展。另一方面，城市宏观环境是体育场馆生存与发展的基础，场馆综合效益的优劣，依赖于建筑子系统与城市大系统的整体适应关系。体育场馆与城市的动态适应过程，正是上述两方面辩证统一的过程。对应动态适应性设计思想整体、系统、动态的环境观，从宏观层面来看，体育场馆的动态适应性设计策略可以分成"和谐共生、统筹平衡、互动生长"三个主要方面。

第一节 "和谐共生"的环境应对策略

和谐是发展的前提与基础，没有和谐就谈不上发展。现代体育场馆是在原有城市环境的基础上，在城市整体发展的框架中，实现自身建设和发展的。作为城市系统的一个子系统，它涉及城市建设的方方面面，必须与城市环境相协调统一。实现体育场馆与城市环境的和谐共生，在场馆的设计建设和运营使用过程中，体现出创新的整体性和发展的连续性是动态适应性设计的基本要求。

城市环境是由多方面共同构成的复杂整体，具体分析可以分为"硬环境"和"软环境"两大类。"硬环境"是指由客观物质实体构成的环境，包括城市人工空间环境和城市自然生态环境两大部分。"软环境"是指基于客观物质环境之上，由人类的社会活动所形成的环境，它包括地域文化、经济技术、社会政治等多个方面。体育场馆既具有物质属性，同时又对城市"软环境"的形成和发展担负着重要责任，因此它必须从整体角度同时与城市软、硬环境相协调。

一、场馆与城市空间环境和谐共生

"城市空间环境"是指通过人类主动地设计和建设所形成的人工空间环境，它是城市"硬环境"的重要组成部分。正如人是一个由骨架和血肉共同构成的整体一样，城市空间环境也是一个既有结构又有内容的，"有血有肉"的整体。体育场馆无论与平面的城市布局结构还是立体的城市空间形态，都应相互协调、和谐共生，具体表现在场馆规划布局与城市整体空间结构相适应和建筑外环境与城市空间形态相协调两个方面。

（一）规划选址与城市总体规划相适应

体育场馆与城市整体结构和总体规划相适应主要表现在场馆的规划选址等宏观布局结构方面。现代体育场馆除了满足城市内部使用需求外，还肩负着承接国际、国内体育比赛的重任。作为城市内部使用，要求场馆尽量与城市规划布局相结合、分散均布到城市的各个规划分区之中，有利于在日常生活中城市各部分居民的方便使用。而作为大型体育比赛使用，则要求场馆适当集中布置，以利于赛事组织，同时不干扰城市日常生活。可见体育场馆赛时和赛后的布局使用要求存在矛盾。

从举办过奥运会的城市的体育设施规划布局经验和教训中现代人们已经认识到，体育场馆无条件的过于分散和过于集中都存在较大问题，当代城市体育场馆的规划布局在具体的策划决策、设计实施过程中需要根据城市规模、结构形态、交通体系、功能分区等实际情况，结合目标赛事的具体要求系统整合、综合优化，走集中与分散相结合的道路。

例如，巴塞罗那在奥运场馆的规划布局中结合城市规模和实际需求，把占地小的比赛场馆尽可能放在市区及其附近，而把多达 13 个项目的 15 个比赛场馆放到了巴塞罗那以外的临近城市和卫星城。通过精心的安排，运用分摊责任的办法，减小了大型体育比赛对城市的压力。同时，形成了一批各具特色的运动分中心，有利于促进城市周边区域的整体开发，形成现代化区域城市网络体系。在市区内的场馆布局又分成两个层次：一个主中心和三个分中心。这四个体育中心分别位于城市的四个不同区位，使场馆分布相对均匀，有利于日常使用。它们由一条环城大道和一条对角线大道相连接，解决了赛区之间的交通问题，也尽量将大型体育赛事期间的各项活动对城市正常生活节奏的影响降到最小（图 3-1，图 3-2）。

通过以上的实例可以看出，体育场馆的布局选址与城市结构和总体规划相适应主要通过以下手段：场馆布局与城市主要交通体系和城市开放空间系统紧密结合，布局结构采用分散与集中相结合的模式，结合城市的未来发展计划，充分利用已有设施，根据不同项目特点合理选择区别对待，整合区域资源与分摊责任，临时设施的使用与土地还原

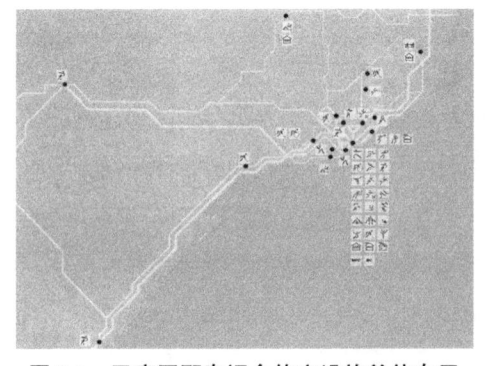

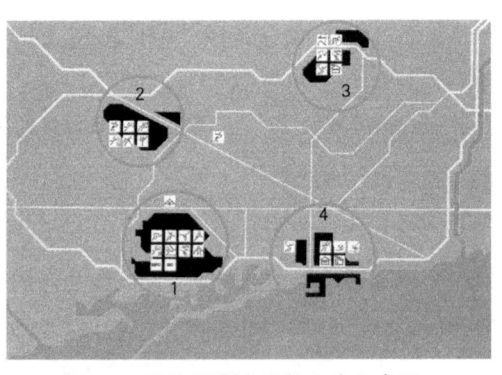

图 3-1　巴塞罗那奥运会体育设施总体布局　　　图 3-2　巴塞罗那主要体育中心布局

（图片来源：高毅存．奥运会城市的场馆规划与设计．中国建筑工业出版社，2003：76，93-95）

等。这些方法虽各有侧重，但其核心与目的都是体育场馆与城市环境和谐共生。在实际操作过程中，应根据不同城市的具体情况，因地制宜、综合应对。

（二）场馆单体与周边城市空间形态相协调

体育场馆在城市中大多承担着标志性建筑的使命，一定程度上比一般建筑物更多一些特立独行的性格特征，但也无法摆脱环境的影响和制约，反而需要通过更加高超的设计手段，实现场馆及其外环境与周边城市空间形态的协调。无论是作为所处环境的中心和控制要素，还是要使其力求减少对原有环境的影响，与周边空间环境和谐共生，始终是体育场馆建筑创作的重要出发点之一。

体育场馆与周边城市空间形态相协调一方面受建筑自身的体量、造型、界面材质等的影响，另一方面也和室外场地、环境景观设计等方面紧密关联。

1.体量控制

体量巨大是体育场馆特别是大型体育场馆的普遍特点，也是其对周边环境影响大、难以与环境相融合的原因所在。实现体育场馆与周边城市空间环境的和谐统一，首先要从体量控制入手，根据环境的实际需要或突出或隐藏建筑的体量，以达到整体和谐的目的。

日本大阪城体育馆（图 3-3）是一座可容纳 1.6 万名观众，建筑面积达 3 万多 m² 的大型体育馆。由于基地紧邻老城城墙与护城河，并和著名古建遗存天守阁遥遥相望，因此如何处理巨大的建筑规模与城市名胜古迹保护之间的矛盾，实现和谐共生，成为问题的关键。在建筑设计中，以裙房形成覆土的台地，与周围绿化场地融为一体，将体育馆置于台地之上，并将大半的体量沉入地下 4.8m，从而有效地缩小了建筑体量。屋盖选用扁平的结构形式，构成水平延伸的空间感觉，同时限制建筑高度低于天守阁的高度，以烘托天守阁挺拔俊秀的主体地位。群房墙面处理成与古城墙同样的材质，使之成为古城墙的一部分。通过以上的处理使规模巨大的大阪城体育馆与周边环境和谐相处，丝毫没有破坏原有的城市风貌。

2. 形体协调

不同的几何形状具有不同的性格特点，体育场馆由于其内部空间和结构技术与普通民用建筑有较大不同，其建筑造型大多较为独特。通过合理的结构选型和精心的比例尺度把握，对建筑形体与内外空间进行整合，使其在满足内部功能使用要求的基础上与周边城市其他建筑形态相协调，是体育场馆与周边城市空间形态相协调的重要方面，也往往是设计的难点和关键所在。

东京体育馆（图3-4）为与周围建筑相协调，体育馆的建筑高度被严格控制在30m以内，一半以上的设施被建造在地下，从而有效减小了建筑体量，避免了与周围环境的冲突。同时将整体进行拆分，形成多个体量，每一部分的屋顶形状各异，打破了大型体育场馆超尺度的单调、压抑感觉，与周边富于变化的街区交相辉映，形成一幅绿树丛中自由奔放的城市风景。

图3-3　日本大阪城体育馆

（图片来源：梅季魁. 现代体育馆建筑设计. 黑
龙江科学技术出版社，1999：18）

图3-4　日本东京体育馆

（图片来源：[日]服部纪和著，陶新中，牛清山译.
体育设施. 中国建筑工业出版社. 2004）

青岛大学体育馆（图3-5）位于浮山脚下，城市主干道香港东路一侧，俯瞰海滨。建筑用地呈三角形，空间狭小，高差变化大。设计结合地形特点将局部建筑下沉形成与校园内道路同高的广场平台，比赛厅采用圆形平面，以协调三角形用地，避免与周边建筑和城市道路关系的冲突，同时把整体屋盖切分成四片，形成顺应山势面向城市逐级跌落的有机建筑造型，并利用玻璃幕墙形成通透、虚化的界面，减小了对环境的压力。从校园内看是一层建筑，尺度宜人；从滨海的城市主干道上看则可一览无余，成为城市新的景观标志。建筑造型抓住了海滨城市环境特色，如层层波浪、片片白帆，轻盈优美、富于动感，与青岛市的自然、人文环境和背山面海、由高向低逐渐跌落的城市局部空间形态紧密契合，建成后受到了普遍的欢迎与好评。

3. 空间过渡

通过对体育场馆室外场地的巧妙设计，充分发挥其空间过渡的作用，也是实现建筑与城市周边环境有机衔接与和谐共生的重要手段之一。

广东省惠州市江北体育馆（图3-6）坐落于惠州市江北经济开发区的体育公园内，建筑用地四周开敞。面对的云山西路是连接惠州市新老城区的主要景观大道及城市整体规划布局中的绿色走廊，而惠州江北体育馆正处于其关键部位，位置显要。场馆外环境设计从城市总体空间环境出发，以绿色走廊内的体育公园为设计主题，将体育场馆与城市休闲公园相结合，建设以体育、娱乐为主题，公园化外部空间环境。体育公园以开敞的绿色空间为主，不强调建筑单体体量的庞大和形象的雄伟，而是压缩体量，追求建筑与环境的亲和感与一体化。建筑融入城市绿色走廊之中如"画龙点睛"，形成自然开阔、亲切活泼的空间氛围。建筑主体由云山西路退后约100m，前面布置大型绿化休闲广场，为市民休闲健身活动提供高品质的空间环境，成为城市休闲空间系统的重要组成部分，为提高城市空间整体质量做出贡献。

图 3-5　青岛大学体育馆

图 3-6　惠州市江北体育馆

二、场馆与自然生态环境有机共生

从可持续发展的角度看，自然环境与人工环境是相辅相成的整体，任何一方的失衡都会带来不良影响。作为人工环境的重要组成部分，体育场馆必须从有形的自然环境景观和无形的能源消耗、物质排放等多方面实现与自然生态环境的整体和谐。

（一）融于自然地形地貌

自然地形地貌是最原始的，往往也是最根本的环境条件因素。从自然地形地貌和环境景观整体出发，巧于因借，在设计中善于发现环境中的制约条件，并将其转化为取得建筑形象个性创意的有力依据，做到与环境的和谐甚至是点睛，是体育场馆设计成功的重要前提。

广州白云山体育馆（图3-7）建设地段位于白云山脚下，从原白云机场方向看去，白云山起伏连绵的背景是这块基地环境景观的突出特征。设计师抓住这一线索，利用地段高差，采用把空间大幅度下沉的办法，只把屋盖和建筑入口所需要的立面高度暴露在地面之上，以尽量避免过大体量对自然景观环境地破坏。3个馆的屋盖结构形态都是由两片从球壳上剪裁下来的拱壳组合而成，如同3个纯粹几何形态的圆形小山，呼应着白云山的曲线形态，形成简捷单纯的整体建筑形象，生动含蓄，呈现出一种自然生长的势态，与群山在形象上即关联又适度对比，做到了与自然环境的完美结合。

笔者参与创作的深圳大学城体育中心（图3-8）位于深圳大学城西校区东南部，基地内地形变化丰富，地势北低南高，高差较大；东侧背靠小山丘，西面与连绵群山隔路相望，建筑处于两山之间的山谷之中。体育中心由体育场、体育馆和游泳馆3部分组成，是西校区的标志性建筑群。总体布局结合基地内起伏的山势特点，采用流线型布局。三大建筑的形象密切呼应，既相互联系，又各具特点，如同几片秋叶落在山谷，简洁明了、自由飘逸、特色鲜明，使建筑与自然地形地貌有机融合，如同从基地环境中"自然生长"出来。

图3-7 广州白云山体育馆

（图片来源：梅季魁，刘德明，姚亚雄. 大跨建筑结构构思与结构选型. 中国建筑工业出版社，2002）

图3-8 深圳大学城体育中心

（二）适应地域气候条件

气候作为原生自然条件，是地域自然环境中最主要也是最敏感的影响因素，它不但直接作用于建筑，同时它还影响地域的自然景观、社会文化和人的行为习惯等方方面面，形成具有鲜明特征的地域环境生态系统，从多方面综合作用于建筑。当代，气候的变化给人类社会的生存和发展带来了巨大挑战。特别是在气候条件严苛的地区，人、建筑、环境之间的矛盾更加突出。体育场馆作为城市的重要公共设施，与地域气候条件相适应，节能降耗、提高舒适性是体育场馆实现可持续发展的重要方面。

加拿大卡尔加里地处寒带，为举办冬奥会而建设的卡尔加里速滑馆（图3-9）采用半地下的处理方式，利用大地的蓄热作用，缓解了外界恶劣气候条件对建筑的影响。同时其屋盖采用折线拱壳结构，进一步减少了建筑的外露体量，降低热量损耗。

2002年日韩世界杯日本札幌足球场（图3-10），结合当地冬季盛行寒冷干燥的西北风，夏季多为凉爽湿润的东南风的气候特点，体形设计根据风洞试验的结果采用流线型设计，西北向封闭，东南向开敞，既避免了冬季西北风的吹袭，同时夏季又能够有效地利用凉爽湿润的东南风降低室内温度，一举两得。

图3-9　卡尔加里速滑馆

（图片来源：梅季魁. 现代体育馆建筑设计. 黑龙江
科学技术出版社，1999）

图3-10　札幌穹顶体育场

（图片来源：[日]大桥富夫. Sapporo Dome. 彰国
社，2001）

（三）保持生物群落的完整

建筑所在地生态系统的生物多样性不应因建筑的建设而遭到破坏，体育场馆更应注意保护生态环境，有利于提高用地内生物群落的多样性。

1996年建造的日本大阪市中央体育馆（图3-11）处于拥挤的市区之中，开敞的、富于绿色的自然生态空间十分难得，为此建筑采用了覆土设计，将巨大的建筑体量沉于地下，体育馆屋顶上覆盖着草坪、花卉，最大限度地保留了绿地面积，为城市提供了尽可能多的室外绿色生态空间。

挪威利勒哈默尔奥林匹克岩洞冰球馆则利用当地的自然地貌特点，将一座大型体育场馆完全隐藏于山洞之中，彻底消除了对环境的冲击（图3-12）。这种利用山体彻底隐藏巨大建筑体量的手段从根本上避免了对原有自然风貌的消极影响和对原有自然环境植被的破坏，且平时使用能耗也减到了最低限度。

图 3-11 日本大阪中心体育馆
（图片来源：[日]服部纪和著，陶新中，牛清山译.
体育设施. 中国建筑工业出版社. 2004）

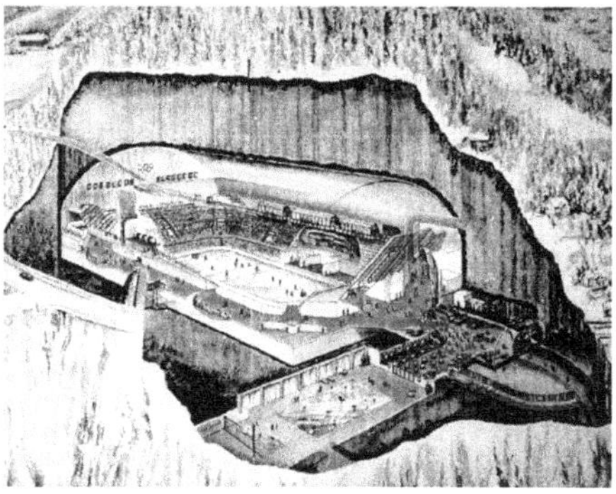

图 3-12 利勒哈默尔岩洞冰球馆
（图片来源：梅季魁. 现代体育馆建筑设计.
黑龙江科学技术出版社，2002）

三、场馆与地域文化环境深度融合

地域文化环境是在一定的自然条件下，在人类社会长期的生产、生活过程中所形成的，为人们约定俗成或喜闻乐见的行为习惯、生活方式和审美意象等，它具有强烈的民族性和地域性，已深深固化于这一地区人们的内心之中。作为与外部物质环境紧密关联的软环境，成为区域整体环境的重要组成部分。在国际化飞速发展的今天，外来文化与地域文化的冲突与融合日益加剧，地域文化也在这个过程中吐故纳新，不断发展，但其内在的精髓部分，没有也不应被湮灭或抛弃。体育场馆作为集现代科技于一身，具有强烈时代性的建筑类型，往往成为城市的标志性建筑，应注意与地域文化环境和谐、与城市风貌统一，更应研究地域文化的深刻内涵，从中寻找建筑创作的灵感。

利勒哈默尔速滑馆（图 3-13）坐落于挪威滑雪胜地利勒哈默尔东南方 50km 的湖滨小镇哈马尔。这里地势平坦，建筑尺度小巧亲切。如何使巨大的体育建筑与环境相协调，成为设计师面临的严峻考验。建筑师尼尔斯·托普将设计的重点放在建筑的屋盖，把它处理成倒扣的北欧海盗时期美观别致的木船形状。建筑融于环境中，隐隐约约，如同一艘翻转晾晒的船只，与这一地区的自然风貌和历史文化产生十分亲近的共鸣。同时其建筑材料就地取材，木结构的空间结构体系更加深了地域文化的气息。

大连市体育场（图 3-14）与大连的滨海城市文化相呼应，体育场建筑形态在与看台的起伏形式相契合的基础上，采用 ETFE 充气枕形式塑造建筑表皮，通过气枕色彩及组织机理变化，形成强烈的动感。进一步结合夜晚变换的灯光效果，罩棚如同巨大的发光体，营造出灵动、梦幻的城市氛围。象征海洋运动不息、循环不止的内在气质，强化了大连作为滨海城市和运动之城蓬勃向上、生生不息的城市精神。

图 3-13 利勒哈默尔速滑馆

（图片来源：梅季魁. 现代体育馆建筑设计. 黑龙
江科学技术出版社，2002）

图 3-14 大连市体育场

（图片来源：初晓等. 大连市体育中心体育场，建
筑学报，2013.10）

四、场馆与经济技术环境协调适宜

经济与技术是制约体育场馆生存与发展的重要因素。体育场馆的建设必须与所在城市的人口规模、社会需求、经济水平、产业结构、技术能力相协调，因地制宜、实事求是、科学合理地制定体育设施的发展计划，适度建设。加拿大蒙特利尔的惨痛教训值得我们警醒。为举办 1976 年第 21 届夏季奥运会，加拿大蒙特利尔市花费巨资设计建设了先进、美观、气势恢宏的梅宗涅夫奥林匹克体育中心，体育中心无论从设计理念、技术水平、艺术品位、设施规模等各方面均堪称世界一流，然而巨大开支所带来的巨额财政赤字使城市经济发展出现困境，直至 21 世纪初当年用于体育设施建设的欠款才得以彻底还清，极大地阻碍了城市的发展，可谓得不偿失。由此可见，做到与社会经济技术环境和谐共生，是体育场馆动态适应性设计不可忽视的重要方面。

五、"和谐共生"与整体优化

现代城市随着人类社会进步，一直在不断地向着多样化发展，然而如果不重视多样性与统一性的有机结合，片面追求多样化发展，会造成无秩序的城市状态，进而使城市各构成要素相互对立，导致城市环境割裂。以这一观点来看，我国的体育场馆在城市中的建设，很多地方都在打破平衡，如有的场馆选址偏远与城市空间隔绝、有的场馆贪大求全与城市人口和实际需求脱节、有的场馆建筑造型如天外来客与城市整体建筑语境格格不入等。对于规划师和建筑师来说，有责任去改善城市中失去平衡的部分，在建立新秩序的过程中要创造多元却不是混乱、追求和谐而不是割裂、注重整体而不是片面。

从上述关于体育场馆与城市环境和谐共生的论述中可以得出以下三点认识：

第一，体育场馆与环境和谐共生、将建筑个体有机融合到城市这一更高层次的宏观体系之中，使建筑的存在和发展有理所依，有据可查，是建筑适应性的具体表现。通过场馆与环境和谐共生所形成的建筑与环境的整体性，是建筑动态适应性的基础。

第二，城市环境是多个方面共同构成的整体，建筑也同样是由规划布局选址和自身空间、规模、造型、材料、技术等多层次、多方面构成的整体。体育场馆与城市环境的和谐，不是片面的某一方面的和谐，而是通过多种设计手法综合应用实现的建筑与城市环境的全面和谐。

第三，作为城市中的重要公共建筑，体育场馆与城市环境的和谐共生，有助于城市良性发展，是避免城市出现混乱无序状态的必然选择。这再次证明，现代体育场馆的规划与建设已经超越一般单体建筑的范畴，成为城市建设系统工程的重要组成部分，要实现动态适应，在宏观方面首先必须与城市建设统筹考虑、和谐发展。

第二节 "统筹平衡"的网络建设策略

亚历山大指出："有活力的城市是半网状结构的。"现代城市对体育设施提出了不同规模、不同类型、不同层次的功能要求。一座或者是集中于一处的体育场馆显然不可能满足广大城市区域不同方面的使用要求。作为城市这一开放复杂的网络系统的子系统，体育场馆设施也必然呈现出网状的发展状态。体育场馆的建设除了要满足城市内部的使用要求之外，还肩负着举办大型体育比赛的重任。而像奥运会、亚运会、全运会这样的大型体育比赛，由于其规模大、项目多，所需要的场馆数量和种类也相对较多。随着赛事的发展和设施建设观念地改变，现代体育场馆在城市中的布局形势逐步由集中走向分散，由一元走向多元，由简单走向复杂，其体育场馆建设大多结合城市空间结构和体育赛事使用要求，形成一套大分散、小集中，多元化、多层次的网络体系（图3-15）。

一定区域范围内的体育设施由于在使用功能及空间分布上互有联系而构成一个整体，这一整体称之为"体育设施网络"。从宏观层面来讲，不仅建筑个体功能的优劣对整体功能有重要影响，整体网络结构合理与否更起着决定性作用。研究体育场馆与环境的动态适应关系时，如果只就某一局部研究，尽管可以使局部功能得到完善，但却难以把握它的整体关系，实现整体优化。体育场馆作为体育设施网络这一宏观系统的组成元素，其个体的动态适应性也受宏观网络结构的影响。网络结构合

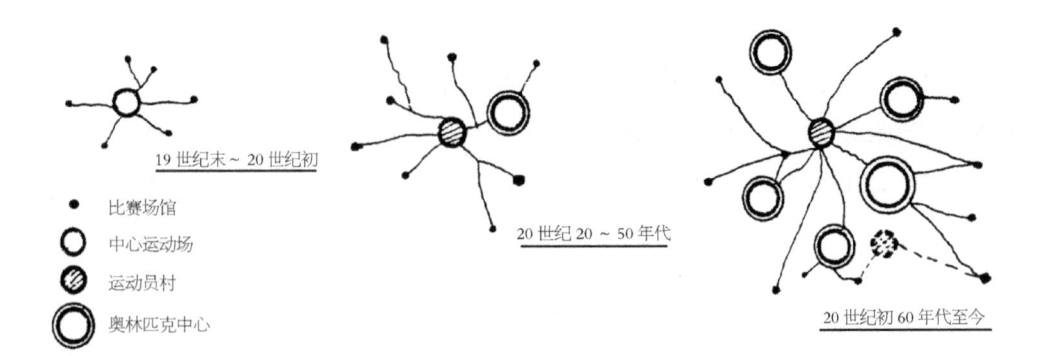

图 3-15 奥林匹克设施分布模式演变过程

（图片来源：赵大壮. 北京奥林匹克建设规划研究. 清华大学博士论文，1985 ）

理，其内部各场馆相互配合默契，取长补短，则不但有利于整体效益的发挥，也有利于网络之中个体的生存与发展。相反，如果整体网络结构松散、布局混乱，就会造成重复建设、恶性竞争或配套不足、相互脱节等不良后果，不利于个体的持续发展。因此，统筹平衡体育设施网络系统是宏观层面体育场馆动态适应性设计的重要内容。它是保障场馆宏观发展整体有序性的必要措施，是体育场馆动态适应性设计宏观系统性的重要表现。

一、合理分级明确定位

"合理分级"是从整体角度，根据不同层次的社会需求，不同的区片划分，合理地划分和搭配体育设施，适度拉开场馆设施的层次差别，形成层次分明的有机网络。"明确定位"是从个体的角度，针对不同层次的场馆设施采用不同的规模、标准和设计模式，明确场馆在体育设施整体网络中所要发挥的作用，使不同规模、不同类型的体育设施在网络中既各具特色，又关联互补，避免重复建设和恶性竞争。

我国由于体育场馆建设标准尚未正式出台，分级混乱、定位不清所造成的盲目建设、资源浪费问题比较严重。如我国部分中小城市盲目攀比，建设大型甚至超大型体育场，建成后长期闲置，造成资源浪费。此外，当代社会体育已经成为跨越国际、跨越地区的全球性活动，各种国际体育组织对于举办不同类型、等级的国际赛事的场馆设施具有不同要求。城市大型体育场馆的功能定位往往超出其所在城市的内部需求，与国际、国内体育赛事相对应。因此，在其网络的规划分级、设施的定位上应该打破城域局限，从城市、区域、全国乃至世界的范围内统筹考虑、科学定位，做到与国际接轨和与城市实际情况相结合的统一。就国内实际情况而言，我国应该建立全国、区域和城市等不同层次的体育场馆网络系统，宏观调控体育场馆的建设。对于奥运会这样的国际级大型运动会，应该从全国的高度制定战略性规划。而对于全运会这样的国内大型赛事或国际单项体育比赛，可以从区域的层面予以综合考虑，跨城域、省域建立区域体育场馆网络，在区域的范围内合理规划各省市的场馆设施等级，建立清晰、丰富的层次关系，避免在同一区域内相同层次、类型的大型场馆重复建设。同样，在城市内部也要根据不同的城区划分，不同等级的使用要求，特别是全民健身的使用要求，制定合理的城市体育设施网络体系。层次、比例、规模和标准是合理分级、明确定位过程中应当注意的三个主要问题。

（一）层次

系统内部由于组成要素的种种差异，从而使系统组织在地位与作用、结构与功能上表现出等级秩序性，形成具有质的差异的系统等级，"层次"就是这种系统内部差异性、等级性的反映。它普遍存在于系统内部，合理的层次关系是系统有序性的保证。体育设施网络体系作为一个有机系统，其内部必然存在不同层次结构。超大型或大型城市，其内部体育设施网络的层次相对丰富，而中小城市则相对简单。合理制定体育设施网络体系的层次关系，既要根据城市实际情况，实事求是、恰如其分，也要对应不同等级赛事体系和体育人才培养系统对不同场馆的需求。在注意适当拉开各层次之间的距离，提高各层次场馆设施服务针对性的同时，也要强调协调各层次之间的关系，提高层次之间的协同性。

如俄罗斯对城市体育设施的建设有明确的层次规定，其体育场地设施分为三级：大型的市级设施——供大型比赛、文化活动使用，可以举办各种世界级比赛。区级设施——供本区居民锻炼和举行小型比赛使用。街区级设施——供街区居民使用，使每位居民都拥有体育锻炼和休憩相结合的活动空间。瑞典是冰上运动强国，其国内建立了完善的冰球联赛体系和系统的人才培养模式，与之相对应瑞典制定了层次分明的冰球馆建设标准，场馆设施分级清晰，服务对象明确，从而有力地支撑了瑞典冰球运动的持续健康发展（表3-1）。我国一些较发达地区的城市也结合自身条件，制定了多层次相结合的体育场馆设施总体规划。如广州市在所制定的体育设施建设发展计划中，将全市的体育设施分为大型竞技比赛场馆网络和社区群众体育设施网络两大层次，并在此基础上又进一步进行了层次细分。城市竞技型大型体育场馆以天河体育中心、广东奥林匹克中心两大城市级体育中心为核心，辅之以一批区级体育场馆。社区群众健身设施网络则分成了30万人的地区级、5万人左右的居住区级、1万人左右的小区级和1000～3000人的组团级体育健身设施4个层次，并根据不同的层次，制定了相应的建设定额标准，从而保证了城市体育场馆设施的建设整体有序。

瑞典冰球馆分级系统与赛事体系对应关系表　　　表 3-1

场馆分级		赛事举办	赛事类型	球员年龄
第一级	国际赛事竞技场（Ev Arena）	SHL 联赛	职业联赛	20 岁以上成年运动员
第二级	国内联赛冰球馆	Publ A 场馆	HA 联赛	非职业联赛
		Publ B 场馆	Hockeyettan 区域联赛	
		Publ C 场馆	Division2、Division3 和 Division4 地方联赛	
			J20 SuperElit 联赛	青年联赛	16～20 岁青年运动员
			J20 Elit 和 J18 Elit 联赛	
第三级	训练冰球馆	U16—U19 联赛	少年联赛	9～16 岁少年运动员

（二）比例

调配各层次体育场馆设施之间的比例关系，形成各层次间数量、规模的合理搭配，才能充分发挥体育设施网络的整体效益。从体育设施使用的实际情况来看，竞技比赛是高端的体育运动形式，只占实际社会需求的很少一部分，而大量的、社会广泛需要的是群众性健身娱乐设施。与之相对应，从高层次的大型竞技体育场馆到底层次的群众性健身基础设施，合理的结构模式和比例关系应呈金字塔形态，即基础设施数量庞大，而大型场馆相对较少（图 3-16）。在发达国家，竞技型体育馆和群众性健身房的馆房比通常在 1∶50～1∶100 之间，而我国目前只有大约 1∶15，局部甚至出现了竞技型场馆过剩而群众性设施不足的比例失调现象。可见，调整比例关系，大力发展群众性体育设施，实现各层次之间的协调发展、合理配比，是体育场馆设施网络体系建设不可忽视的问题。

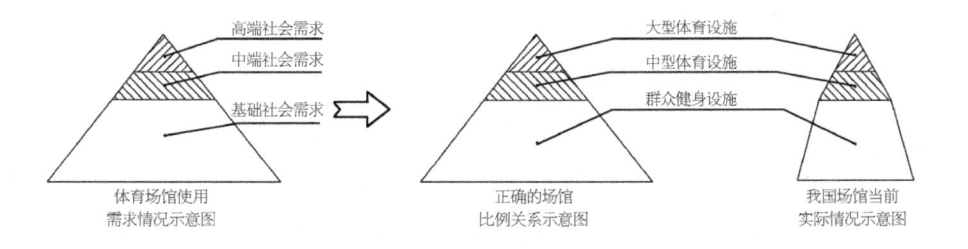

图 3-16　社会需求与体育场馆比例关系示意图

（三）规模与标准

规模是对体育场馆用地指标、建筑面积、座席数量等的控制参量。标准是对体育场馆设计建设水平、档次的控制参量。体育场馆的规模与标准既是不同的指标体系，又紧密关联，共同决定着场馆设施的定位。根据实际情况，合理制定各层次体育场馆的建设规模和标准，准确定位才能适当、有效地发挥场馆的使用效益。许多体育运动强国都非常重视对体育设施建设规模和标准的控制。如日本早在 20 世纪 70 年代就出台了不同类型体育场馆设施的建设标准，对各种规模，各种类型的体育设施都有相应的建筑标准供参考，为体育设施的健康发展提供了依据（表 3-2）。

日本社区体育场（馆）设施配套标准一览表　　　　　表 3-2

设施	1 万人	3 万人	5 万人	10 万人	场馆类型
室外	1 个（10000m²）	2 个（10000m²）	3 个（10000m²）	6 个（10000m²）	棒、垒、足、田综合场地
	2 个（1560m²）	4 个（2200m²）	6 个（2200m²）	10 个（2840m²）	网、排球场地
室内	1 个（720m²）	2 个（720m²）	3 个（720m²）	5 个（720m²）	篮、羽、乒场地
	1 个（200m²）	1 个（300m²）	1 个（300m²）	1 个（400m²）	柔道、剑道馆
	1 个（400m²）	2 个（400m²）	3 个（400m²）	6 个（400m²）	游泳池水面积

（资料来源：来德淳．日本体育设施建设对我国发展国民体育模式的启示．中国体育科技．2001（增刊））

我国随着体育事业的发展，为满足社会需求，指导场馆设施的建设，也逐步加强了体育设施建设标准制定工作。如 1986 年，我国城乡环境保护部和国家体委共同制定了《城市公共体育运动设施用地定额指标暂行规定》，规定了不同城市人口的体育场馆的具体建设规模和标准。2003 年颁布施行的《体育建筑设计规范》中也对体育建筑的等级标准和市级体育设施的座席规模和用地面积等进行了具体规定。即将出台和正在编制的《体育场建设标准》《体育馆建设标准》《游泳馆建设标准》和《滑冰馆建设标准》对进一步推动我国体育设施网络化建设具有重要意义。

然而，在我国城市体育场馆建设的实际过程中，不执行国家相关规定，好大喜功，片面追求政绩工程、形象工程，超标建设的情况还比较严重。相形之下，国际上一些发达国家在兴建大型体育场馆时却是十分慎重。如国外的许多体育场馆在装饰装修上十分朴素，并且尽量利用既有的体育设施，绝不轻易新建大型体育场馆。在我国刚刚实现全面建成小康社会，提倡建设节约型社会的今天，不顾场馆设施实际使用需求，盲目超前的做法往往是建设时热火朝天，建成后门庭冷落，不适合我国国情，也不利于体育场馆的健康发展。因此，必须合理严格地控制体育场馆的规模和标准，切实从城市的实际能力出发，从群众的实际需求出发，量力而行，以实事求是的态度制定城市体育设施发展规划，合理确定场馆建设的规模和标准。

二、科学选择项目类型

伴随着体育运动的蓬勃发展，现代体育场馆的种类丰富多彩、类型繁多，以计划在2020 年的东京奥运会为例，仅一次夏季奥运会就需要同时进行 33 个大项、339 个小项的比赛，体育场馆需要几十种类型。这些不同种类的体育场馆因为各自的特点和所在不同城市的实际情况，有些适于城市的长期使用，有些则由于不为当地群众所热衷或运营成本高昂等原因，而很难维持。可见，城市不可能也不应该盲目的建设所有种类的体育场馆，而必须根据当地群众体育运动的实际开展情况、根据当地体育运动的特色和具体发展目标，有计划、有选择地进行建设。

部分城市由于缺乏科学的规划和系统的调查研究，在体育场馆建设项目立项的过程中，还存在着较大的盲目性。带有严重主观色彩的领导"拍板子、定调子"的现象依然存在，致使一些项目在设计建设之前就出现了方向性的错误，其对城市所造成的不良影响是长期而巨大的。因此，在我国目前体育场馆蓬勃发展的情况下，更应慎重地选择建设项目类型，加强建设项目立项的科学性和合理性，具体可以从以下几个方面入手。

（一）发挥优势项目、突出特色

我国地域辽阔、民族众多，各地区、各城市由于不同的气候特点、民族习惯、历史传统等原因，形成了各自不同的优势项目，这些优势项目的形成往往具有广大的群众基础，为当地群众所喜闻乐见。在场馆建设项目类型的选择上，要充分考虑这方面因素，发展具有地域优势、地方特色的项目设施。突出特色，是在竞争中获得生存优势、避免恶性竞争的重要手段。

例如，在足球比较发达的欧洲、南美各国，大型专业足球场成为建设的热点，诺坎普、老特拉福德等球场成为世界足球爱好者的圣地。在美国，美式橄榄球场、大型篮球场馆等美国人热衷的运动项目设施比比皆是。北欧、瑞士利用独特的气候条件，大力发展冰雪运动，建设了大批世界一流的冰上运动场馆和闻名世界的滑雪场。英联邦国家板球场是一道独特的风景线，而日本由于棒球受到群众的普遍喜爱，大型棒球馆则相对较多，如东京体育馆、福冈穹顶、名古屋体育馆等都是大型的棒球比赛馆，同时像东京国技馆这样的武道馆、相扑竞技馆等设施也十分具有民族特色（图3-17）。

由此可见，社会需求、群众喜好是体育场馆存在发展的最终基础，选择场馆项目类型，必须根据本地体育运动发展的具体情况和实际需求，科学客观、突出特色。对于为综合性体育比赛所建设的场馆设施，要提前制定计划，赛后根据本地的实际需求有所取舍。对于符合城市使用需求的，可以改造和保留，对于不符合城市实际需求的，则应充分利用临时设施，赛事临时搭建、赛后拆除还原，以避免资源浪费和消极维护给城市带来进一步的负担。

（二）尊重项目工艺特点

体育运动项目各有其不同的工艺特点，有些适于在城市内开展，有些则由于受用地、

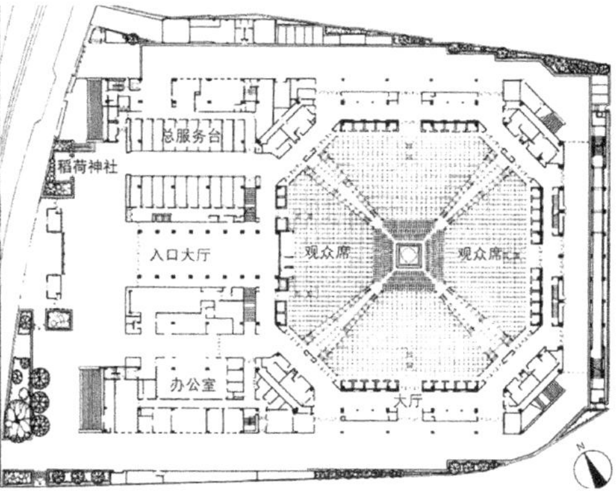

图 3-17　日本东京国技馆

（图片来源：[日] 服部纪和著，陶新中，牛清山译．体育设施．中国建筑工业出版社．2004）

自然环境条件等因素的限制，不宜在城市之中安排。因此，在选择体育设施建设类型时，应根据不同运动项目的体育工艺要求，结合本地自然环境条件和城市土地开发实际情况，合理选择。

例如，赛马、赛车、高尔夫球等项目要求具有较大的用地空间，对于空间紧张、地价昂贵的城市内部空间不太适合。而像场地自行车、射击等项目由于平时很难与群众体育运动相结合，有的还具有一定的危险性，可能会对周围城市空间造成负面影响，在选择和设计建设的过程中也要十分慎重。另外还有一些体育场馆，由于在运营使用过程中的维护费用较高，在建设类型的选择中，也必须全面评估、科学定位。以游泳馆为例，近年来我国许多省市相继建设了许多游泳跳水比赛馆，其观众席数量由一千到几千不等，有的城市甚至同时建有几座游泳跳水比赛馆。与我国大量修建游泳跳水比赛馆的潮流形成鲜明对比的是，国外对于游泳跳水比赛馆的建设则是慎之又慎。如洛杉矶、巴塞罗那以及雅典奥运会的游泳比赛也都采用了室外设施，其原因就是游泳跳水比赛馆的日常运营能耗大、费用高，难以维持。据澳大利亚建筑师统计，一个游泳馆 4 年的运行费用就等于新建一个游泳馆的土建费用。有关调查显示，北纬 40° 以上地区的室内水上场馆经营经常陷于困境，其中一个重要原因就是 60% 的成本来自于大量的能耗。因此，体育场馆建设项目选择，必须了解体育工艺的特点和场馆运行使用的实际状况，做到有的放矢、实事求是。

（三）多种类型有机结合全面发展

随着社会的开放、国际交流的不断加深，群众对体育运动的爱好多种多样，攀岩、冰壶、壁球等新兴运动项目迅速发展起来，我国体育场馆设施的种类也呈现出多元化的发展趋势。据第六次全国体育场地设施普查的结果显示，我国现有的场地类型已从

1995年的48种发展为2013年的83种,在一定程度上满足了广大人民群众的使用要求。但是,具体从各地区、各城市的体育场馆建设情况看,功能雷同、类型单调仍然是我国体育场馆建设中普遍存在的现象,也是导致体育场馆宏观网络体系结构失调的重要原因之一。例如,我国各城市的体育场馆建设大多集中于大中型竞技比赛场馆,而对群众性的娱乐健身设施重视不足。而且,社会、学校、企事业单位的体育场馆都大多以比赛馆的模式进行设计,不能突出各自的特点,在项目类型的选择上也大都偏重以篮球场地为主,致使体育场馆网络体系中各场馆功能大同小异,相互雷同,从而导致某一种或几种设施局部过剩。因此,在规划体育设施网络,选择体育场馆种类时,必须打破片面强调竞技体育,忽视群众体育的思想局限,从社会的多元需求出发,在突出特色的同时,注重多种体育场馆类型的有机搭配,形成配套齐全、丰富多彩的统一整体。

三、优化场馆布局结构

规划布局是体育设施网络体系的核心问题。一方面,如前所述,体育场馆的规划布局应与城市整体空间结构和总体规划相结合;另一方面,体育设施网络内部的不同类型、层次、规模等的合理搭配也是建构合理规划布局结构必须考虑的内容。

(一)制定合理的体育设施专项规划

《中华人民共和国体育法》中明确规定:体育设施建设应"纳入城市建设规划和土地利用总体规划"。国务院在《全民健身计划纲要》中也要求:"体育场地设施建设要纳入城乡建设规划,落实国家关于城市公共体育场地设施用地定额和学校体育场地设施的规定。"要实现体育设施网络的合理规划布局,必须根据体育事业的发展计划,以大型体育场馆为核心,以各层次中小型设施为基础,结合城市总体规划制定体育设施专项规划。

体育设施专项规划应与体育产业发展规划相结合,重视有形的物质空间建设与其背后无形的赛事体系建设、人才培养机制改革、全民健身促进机制建设相协同,实现"硬件"与"软件"相互促进、共同发展。事物的发展规律有其自然规律,作为大型赛事、体育产业和全民健身的物质空间载体,场馆的发展应满足实际社会需求,并同需求增长与转变同步发展。不尊重规律,片面追求场馆建设而忽视其背后体育事业和产业的发展,或者场馆发展与产业发展不同步、彼此脱节,都会给场馆效益的发挥和可持续发展带来负面影响。

（二）重视交通疏散与可达性

交通问题是体育场馆规划布局必须重视的一个重要因素，它一方面要考虑保证体育场馆本身大量观众的迅速、安全疏散，另一方面又要尽量减少体育场馆使用时大量人流、车流对城市交通的影响，避免交通堵塞。从疏散角度讲，场馆规划选址一经确定，整个城市观众的流向、流量、交通构成比例和道路的交通量，也就相应地固定下来。所以体育场馆的规划选址恰当与否，是决定交通疏散工作好坏的基本条件，也是决定体育设施网络体系整体布局结构合理性程度的重要影响因素。一般来讲，在体育设施网络体系中起决定性作用的大型体育场馆的布局选址，在城市中有 3 种情况。

首先是位于城市中心地区。大型体育场馆位于城市中心区的优点是可达性好，观众来自四面八方，车流、人流多向集散比较均匀，观众中步行者相对较多，乘车的客运量相对比重较低，疏散时间短。其缺点是短时间内容易造成市区一定范围内道路交通堵塞，对城市交通体系要求较高，仅以平面交通难以解决多股人、车流交叉的问题，需要城市建立发达的立体交通体系。

其次是位于城市中心区边缘。大型体育场馆位于城市中心边缘，由于这样的区域一般道路交通设施比较完备、距离适中，也具有相对较好的可达性。虽然乘车比例要比前者高，但由于多方向集散，以附近城市公交线路以及轨道交通为基础，临时增配一定数量的车辆，交通疏散的组织工作还比较方便。同时由于市中心边缘土地价格相对便宜，用地较为宽松又具有巨大发展潜力，较适于大型体育场馆设施的规划建设。

最后是位于城市郊区。城市郊区由于距城市中心较远，主要车流和人流都必须经过一段路程，才能进入市区，不仅增加了观众在途中的时间，大大增加了客运量，同时由于与城市之间以单向交通为主，往往主宰城市局部干道系统，当某段道路出现交通事故时，就会造成大范围交通堵塞。另外，从观众心里来讲，当观看日常比赛在路上往返花费的时间接近观看比赛的时间，或车费接近比赛门票价格时，观众观看比赛的热情就会大幅减弱，转而观看电视，赛场的利用率必然会下降。

综合上述比较，体育设施网络中的大型体育场馆在初期规划建设时较易布置于城市中心边缘，距市中心距离适中的区域。但这并不绝对，随着城市的发展，市中心边缘可能变为市中心，郊区可能发展为城市，因此，必须以动态、发展的眼光看待问题，高瞻远瞩与实事求是相结合，合理确定城市体育设施网络的规划布局结构。

（三）强调场馆间的有机联系与协同作用

日本的森川贞夫教授提出了城市综合体育设施、社区体育设施和学校体育设施协同作用的网络规划布局模型，以协调整个设施体系，共同发挥作用（图 3-18）。他强调处于同一网络中的体育设施，除各自具有独立的功能以外，彼此之间还应相互协同，构成有机的整体，发挥综合效益。特别是对于举办奥运会、亚运会等大型综合运动会而言，更需要多设施之间的整体规划、综合调配。处于同一地域范围之内的体育场馆之间，既存在竞争又相互补充，合理的规划布局能有效地避免恶性竞争，加强场馆之间的协同。体育设施网络中体育场馆的相互协同包括两个方面：一方面要注重相同层次不同场馆设施之间的横向协同，另一方面也要注重不同层次体育设施之间的纵向协同。无论是横向还是纵向的协同，都应综合考虑大型综合运动会和赛后城市日常地使用，集中与分散相结合，主要设施与配套设施相结合，做到可分可合、配套齐全、定位明确、各具特色。

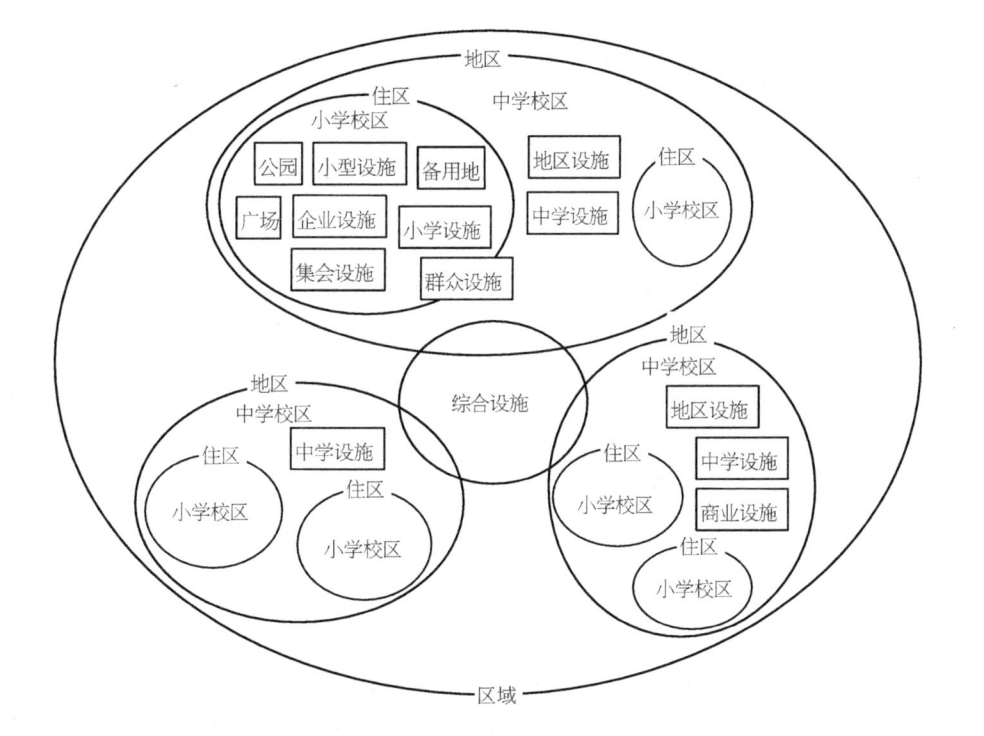

图 3-18　日本学者提出的居住区体育设施网络体系

（图片来源：王奎仁．论体育馆的功能结构与设计模式．哈尔滨建筑工程学院博士论文．1993）

　　如我国珠三角地区，结合"大湾区"区域一体化发展，已经在着手建立粤、港、澳地区统筹的体育场馆设施网络体系，宏观协调区域内各城市的场馆设施，实现资源的合理调配。上海市根据其国际化大都市的城市定位，在《上海市公共体育设施发展规划2012～2020》中，将市级体育设施、体育赛事设施、竞技体育训练设施和市民健身活动示范基地统筹考虑，与城市空间结构相结合，合理搭配，做到了布局的均匀性于空间环境适宜性的兼顾（图 3-19）。

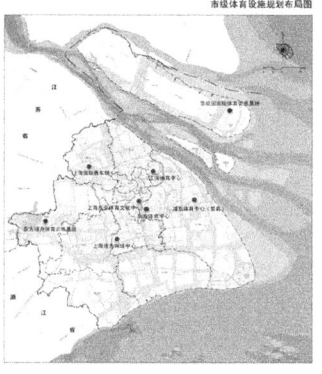
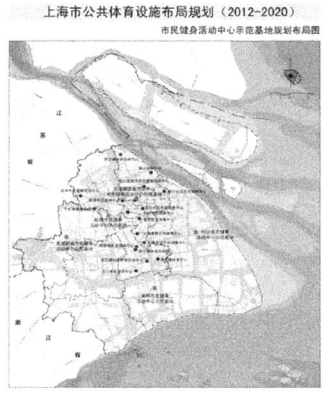
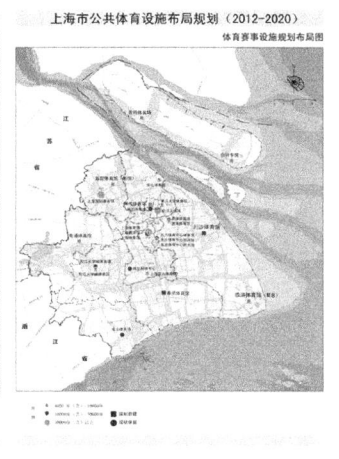

图 3-19　上海市公共体育设施布局规划（2012—2020）

（四）注重场馆与周边环境关系

日常使用过程中的经营效益是体育设施网络规划布局必须考虑的问题。场馆的经营效益与场馆周边环境有着密切地关联。尤其对于大型体育场馆而言，不仅要满足大型体育比赛的要求，更要考虑平时的使用问题，提高日常利用率。欧美体育产业发达的国家体育场馆年平均使用率可达 250 天左右，其中一半是体育比赛，其他是举办音乐会、展销会等，场馆利用率很高。而国内一些体育场馆，一年仅使用几十天。鉴于我国体育产业尚不发达的情况，应把体育场馆布局在距离适中、交通便利、方便群众使用的地方，依托周围环境的多种需求，通过开展群众休闲健身运动和与体育产业相配套的综合商业服务，提高经营效益。

自然环境条件有时也是影响场馆规划布局的因素之一。如加拿大多伦多、韩国首尔等体育设施的规划布局均结合了当地滨湖或滨河等富于特色的自然景观环境，使体育场馆成为城市景观空间中的点睛之笔，既为体育场馆提供了优美的空间环境，又有利于旅游观光资源的开发。所以，体育场馆的规划布局必须注意周边社会和自然环境条件，挖掘环境潜力，从而更好地发挥体育场馆的综合效益。

四、"统筹平衡"与系统优化

北京奥组委副主席蒋效愚在接受采访，谈到采取什么措施避免北京奥运场馆赛后闲置的问题时指出：第一项措施就是"奥运场馆的规划布局与完善城市功能相结合，这包括选址、场馆面积大小及其内部设计等，总体思路是使它们不多不少，不远不近，价格合适，能恰到好处地满足城市日常生活需要"。由此可见体育设施整体网络建设是多么重要的一项工作。体育设施网络的规划建设实际是一个系统建构和优化的过程，系统的组成、层次、结构等内部关系，决定着系统整体的功能效益。体育设施网络系统是大型综合运动会场馆设施系统、体育产业系统、城市休闲健身系统和城市整体空间网络系统共同的子系统，它是这几大系统的结合点，担负着协调几大系统关系的重要任务，因此，必须强调系统优化在网络建设中的作用，加强对协调机制建立和发展的重视程度，开展深入研究，并落实到行动之中。

第三节 "互动生长"的动态发展策略

现代体育场馆作为城市建设的有机组成部分，对城市环境的发展有重要影响，同时其自身的运营也更需要城市环境的支持。在动态适应思想的指导下，促进体育场馆与城市环境互动发展，在发展过程中通过动态优化形成场馆与城市良性的互利机制，对城市和体育场馆的可持续发展都十分重要。

一、促进城市的整体发展

按照美国学者韦恩·奥图（Wayne Atton）和唐·洛干（Donn Logan）所提出的城市触媒（Urban Catalysts）理论：城市建设中的重大开发项目，作为触媒在城市发展与更新的过程中具有连锁反应的潜力，一个具有良性触媒作用的设计将会对城市发展产生正面推动作用，可以提升现存元素的价值或使其向有利的方向转化。在西方城市发展思潮从1950年代的城市重建、1960年代的城市复苏、1970年代的城市更新到1980年代的城市再建和1990年代的城市复兴的转变过程中，城市巨型工程贯穿始终，并起到了主导性的作用。作为城市巨型工程的典型代表类型之一，利用体育场馆建设促进城市整体环境发展的例子屡见不鲜。在当代中国改革开放40年以来，伴随着经济起飞，城市化进程加速，体育场馆成为城市经济、社会和实体空间建设的重要内容和影响因素。随着经营城市理念地兴起，体育场馆建设更成为促进城市开发、更新的重要手段，许多项目的建设极大地推动了新城区的开发建设速度，或者使原有城市的相关功能增强。另外，随着全球一体化、区域一体化的发展趋势，城市之间的竞争愈加激烈，树立城市特色、提高城市综合竞争力成为城市发展的重点。提高竞争力依靠城市增强自身的吸引力，扩大对资源的占有量。而现代城市日趋大型化、复杂化，仅仅依靠自身或局部小范围区域内的资源很难满足城市的发展需要。大型综合运动会和各项大型国际体育赛事作为跨国交流活动已经成为全球范围内社会资源的一个重要方面，并且通过其影响力可以进一步吸纳更多方面的社会资源。通过建设体育场馆，举办高水平体育赛事和其他大型社会活动，是扩大城市影响，提高城市综合竞争力的有力手段。因此，应将体育场馆建设纳入现代城市建设的宏观发展体系之中，将其作为促进城市跨越式发展，实现城市长远发展目标的有效途径。

（一）促进城市硬件环境发展

城市环境是由作为硬件的物质空间环境和作为软件的社会文化环境共同构成的整体。体育场馆对城市环境的促进，最直接的表现为对城市硬件环境建设的推动。

1.完善基础设施

交通、通信、水、暖、电等基础设施的建设是城市发展的前提条件，也是衡量一个城市现代化水平的重要标志。体育场馆特别是举办大型综合性运动会的大型场馆对城市硬件环境发展的促进，首先就表现在其对城市基础设施建设具有巨大的推动作用。

例如，举办奥运会给北京留下了一大批现代化设施，全面提升了北京的城市现代化水平，使北京在国际大都市中扮演了更为重要的角色。仅以交通方面为例，2008年北京奥运会新建了一大批现代化交通枢纽，新增了93km的五环路、35km的城市快速路和105km的城市主要道路，轨道交通线增加到7条，公交系统有650条运营线路，形成了一个以市区为中心，辐射城市边缘及居民小区，布局合理，方便快捷的公交网络。这些发达的现代化城市基础设施，在奥运会后，为城市的发展和市民的生活带来了巨大的益处。

另外，体育场馆自身也是重要的城市公共设施之一，对提高城市承办国际、国内活动的能力，发展体育产业，建设舒适、健康、文明的城市环境甚至提高城市防灾应急能力等具有重要作用。它的建成可以完善城市功能，提高城市品位，加强城市的知名度和影响力。

2.改善生态环境

对城市的旧工业区、污染区和废弃区等环境质量恶劣的地段进行生态环境改造，建立绿色城市生态环境，是摆在当今许多大城市发展面前的一道难题。单独依靠房地产开发等私人投资的项目，是无力从事投入如此巨大的基础环境改造工作的。因此，需要以具有巨大影响力，可以大量吸引外来投资的大型综合项目的建设为核心，带动整体生态环境的治理与改造工作。利用举办大型体育赛事的机会，结合体育场馆的建设，创建良好的生态环境已经成为现代城市和体育场馆建设的主题之一。

2000年悉尼奥运会，主会场及奥运村设于市区以西16km的霍姆布什湾（图3-20）。

该地区原为大量沼泽、林地和工业污染区域，政府提供 1.3 亿澳元用于治理环境，并建成一个集运动、娱乐、商业、展览及生活居住为一体的区域，不仅满足奥运会的使用，还为今后的城市发展打下了基础。2012 年伦敦奥运会总体规划（图 3-21）也十分重视对城市生态环境地改造，其地区再生规划具体包括：恢复河道，重建人与河流、水道之间的动态关系，重建城市绿化系统，引进更新系统，合理处理日常废物等多个方面。

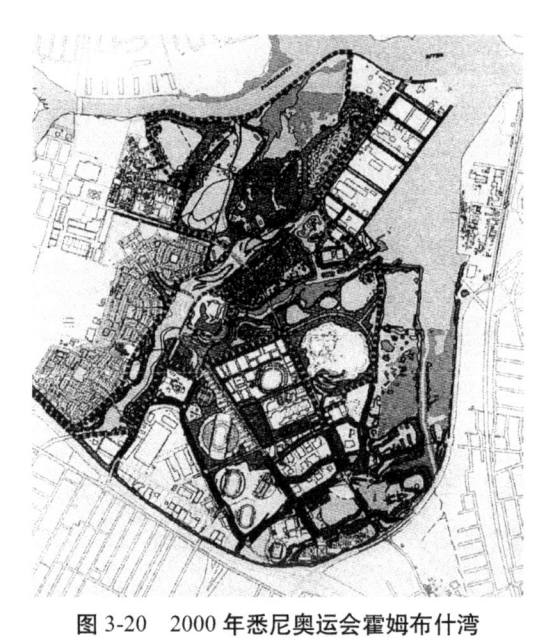

图 3-20　2000 年悉尼奥运会霍姆布什湾总体规划

（图片来源：何韶．探寻可持续发展的奥运建筑．建筑创作，1999（2））

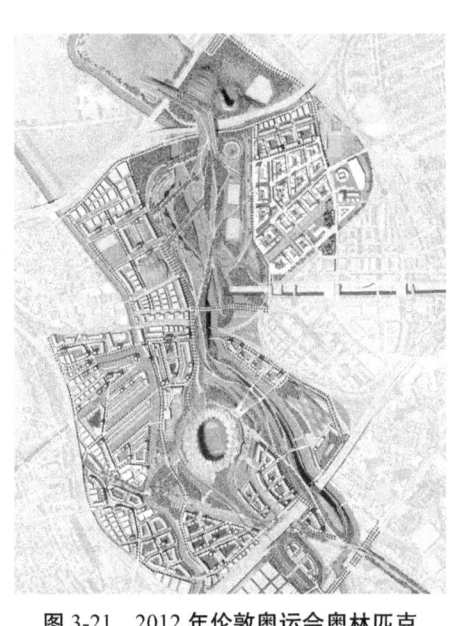

图 3-21　2012 年伦敦奥运会奥林匹克中心总体规划

（图片来源：Chris Van Uffelen．2006 Stadiums．Page One，2005）

3. 整合空间结构

作为城市的重要公共建筑类型之一，体育场馆是城市整体空间结构的直接构成要素。它的建设是城市建设的一部分，对整合城市空间结构具有直接作用。例如，北京奥林匹克中心的建设对发展北京城市中轴线体系具有重要作用（图 3-22）。此外，南京奥体中心与秦淮河西部城市副中心的建设、沈阳奥体中心与浑南新区开发等，体育场馆都成为建构城市空间结构的重要组成部分。

另外，体育场馆还对周边城市环境产生影响，对整合城市空间结构发挥间接作用。城市的空间并非均质，而是有层次、有重点的复杂系统。均质和单一会降低城市空间的活力，使城市空间走向衰败。而体育场馆的建设往往可以导致新的城市经济和社会空间分异，促进周边地区空间层次结构地形成。这种现象是城市空间在以市场经济为主导的发展模式下，呈现出的自组织性的表现。

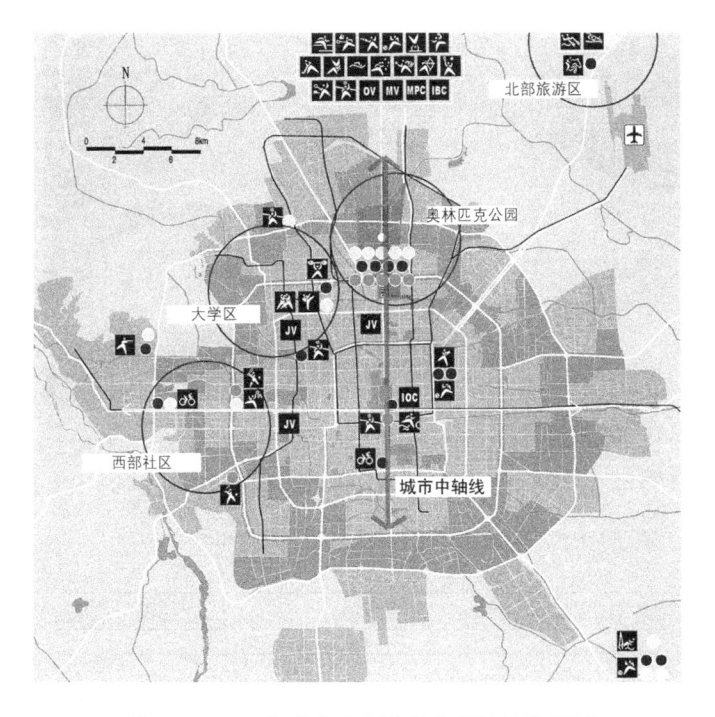

图 3-22　2008 年北京奥运会体育设施总体规划

（图片来源：马国馨等．奥林匹克与体育建筑．天津大学出版社，2002）

（二）促进城市软件环境发展

除了对城市"硬环境"有巨大的推动作用，体育场馆的建设对城市"软环境"也有十分明显的促进作用。城市的软环境是城市经济政治、文化艺术、社会活力等非物质因素的集合，是城市的无形资产，影响着城市的综合竞争力。

1.树立城市形象、促进文化发展

体育场馆巨大的体量、独特的建筑造型和精湛的技艺，对于树立城市新形象、展示城市实力、表现时代精神具有重要意义。例如，作为日本北九州市由工业城市向国际信息城市进行产业结构转变的中心项目，北九州梅地亚体育馆（图 3-23）的建筑设计，不仅仅注重其多种使用功能地发挥，还把它作为城市向"自行车城市"发展的象征。其酷似自行车头盔、采用流体力学形式设计的建筑造型，象征性地表现出了自行车运动所具有的速度感与流动性，展现了 21 世纪北九州市发展的新姿态。

2.促进经济发展和产业结构调整

当代，大型体育赛事对于举办城市经济的影响作用巨大。以奥运会为例，它对举办城市的经济具有直接和间接多方面的推动作用（图 3-24）。作为大型体育赛事筹办的重点工作之一，体育场馆建设对于城市经济发展的推动作用是大型体育赛事整体影响力的一个有机组成部分。

图 3-23 北九州梅地亚体育馆

（图片来源：ドーム建築のよべて．日経 BP 社，1997）

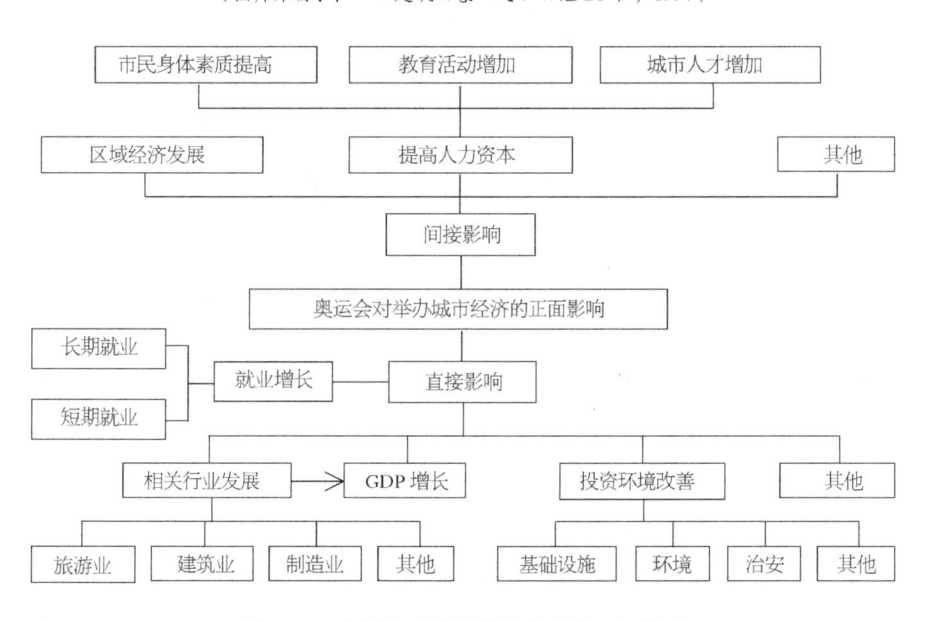

图 3-24 奥运会对举办城市经济的正面影响

（资料来源：董杰．奥运会对举办城市经济的影响．经济科学出版社，2004）

　　首先，体育场馆的建设将为城市直接吸引大量的外来资金。以北京为例，据统计，承办 2008 年奥运会给北京带来 90 多亿美元的新增投资（从北京地区之外流入的资金），约合人民币 745 亿元。这笔巨额的新增投资，再加上该投资所产生的乘数效应，成为牵引首都经济高速增长的助推器。

　　其次，体育场馆的建设对于房地产、交通、邮电、通信、旅游、餐饮等行业有较大的拉动作用。体育场馆可以利用举办大型体育赛事的综合影响力，扩大影响、聚集人气。特别是当代，"体育 +"的理念越来越受到社会的认同，将体育场馆与其他城市设施或地产开发相结合，推动相关城市片区整体开发的模式正逐步走向成熟。例如，华润深圳湾体育中心，利用举办第 26 届世界大学生夏季运动会的契机，将体育场馆与酒店、办公、休闲健身、商业服务等设施进行综合开发，不仅体育中心运营取得了巨大成功，还极大地带动了周边城区的快速发展与价值提升（图 3-25）。北京继成功举办 2008 年夏季奥运会后，又成功申办 2022 年冬季运动会，作为冬奥会雪上项目的举办地张家口崇礼人气飙升，成为发展的热点，大量投资纷至沓来，而奥运题材也成为近年来北京乃至张家口城市发展的主题，一时间商机涌现，如何把握"奥运机遇"成为社会关注的焦点。

图 3-25　华润深圳湾体育中心

（图片来源：https://image.baidu.com）

再次，通过体育场馆的建设可以直接和间接地扩大就业。例如，历届奥运会在带动主办城市就业方面都发挥了重要作用。汉城奥运会给 3.4 万人提供了就业机会，巴塞罗那奥运会创造了 5.9 万个经常就业机会，在 4 年时间里，每年还有 76500 个劳动力投入到与奥运会相关的行业中。巴塞罗那的失业率从 1986 年的 18.4% 降到 1992 年的 9.6%，全西班牙的失业率也从 1986 年的 20.9% 降到 1992 年的 15.5%；悉尼奥运会在 10 年里创造了 10 万个就业岗位，而 2012 年伦敦奥运会期间，为伦敦市增加了 9.1 万个就业岗位。

最后，伴随着后工业社会的到来，第三产业在城市产业结构中的比重越来越大。体育场馆的建设，为发展体育、娱乐产业提供了良好的物质基础和发展契机，有利于我国城市产业结构的现代化调整。为进一步推动我国体育产业的快速发展，2014 年 10 月国务院发布了第 46 号文件《关于加快发展体育产业促进体育消费的若干意见》，提出"到 2025 年，基本建立布局合理、功能完善、门类齐全的体育产业体系……，体育产业总规模超过 5 万亿元，成为推动经济社会持续发展的重要力量""产业基础更加坚实。人均体育场地面积达到 $2m^2$……，体育公共服务基本覆盖全民。"的发展目标。在北京、上海、广州等城市，由于城市的体育设施条件相对较好，历年来对体育资源的占有相对较多，人民群众的体育意识也较强，因此体育事业和体育产业在这些城市中发展较快，而城市从中得到的效益也就越多。城市获益越大就会越重视体育设施地发展，从而形成一种正反馈，或者在经济学中称为"乘数效应"的连锁反应，使城市发展政策、经济、产业结构等宏观环境向着有利于体育场馆发挥效益的方向发展。总之，体育场馆对于城市经济发展的促进作用是多方面的，有待于不断地研究、发掘。

3. 促进形成健康的生活方式

2014 年 10 月国务院第 46 号文件《关于加快发展体育产业促进体育消费的若干意见》，提出"倡导健康生活。树立文明健康生活方式，推进健康关口前移，延长健康寿命，提高生活品质，激发群众参与体育活动热情，推动形成投资健康的消费理念和充满活力的体育消费市场"。2016 年 10 月，中共中央、国务院印发了《"健康中国 2030"规划纲要》，指出"到 2030 年经常参加体育锻炼的人数达到 5.3 亿人"。2017 年 10 月，在党的"十九大报告"中正式提出了"健康中国"战略。硬件设施的改善和举办体育赛事所带来体育文化、运动精神可以极大激发群众参与体育运动的热情，促进现代健康观念和科学生活方式的形成，提高人口的体力和思想素质。人是社会的核心，科学健康的生活方式可以提高社会生活的质量，增强人在社会生活中的愉悦感和幸福感，进而有利于社会的和谐健康发展。

综上所述，通过体育场馆建设的直接作用和其所具有的触媒效应，可以带动城市整体环境的跨越式发展，促进城市发展目标的实现。以我国经济和城市发展较快的广州市为例，在 1987 年通过第六届全运会体育场馆地建设，促进了新天河城区的快速发展。在 2001 年又利用举办九运会之机，在城市东部天河区东圃镇建设了广东省奥林匹克中心以带动城市东部区域发展，在城市北部建设了广州新体育馆，为白云机场的搬迁和城市开发奠定了基础。之后，随着 2010 年广州亚运会的成功举办，亚运场馆设施的建设，更对广州市的进一步发展提供了巨大的推动力。可以看出广州市"三年小变样，五年中变样，十年大变样"的城市发展目标的实现与承办大型体育赛事、积极建设体育场馆带动城市整体开发的发展策略密不可分。

大型体育赛事对于城市发展的影响可以分为"效应储备""集中释放"和"后续延展"三个阶段。与其相对应体育场馆一般也可分为"集中建设""赛时使用"和"赛后利用"三个阶段。在以往的建设中，往往对于前两个阶段比较重视而忽视了第三个阶段。实际上，场馆综合效益的发挥是三个阶段辩证统一的结果，是由这三个阶段共同构成的动态发展的整体体系所共同决定的。其中，"后期延展"效应的作用时间长、效益潜力大，更应受到重视。对于通过体育场馆建设促进城市发展的问题，不能静态的只注重某一时期或某一阶段的作用，而应以动态发展的眼光全面把握从建设到使用，再到不同使用时期的全过程，挖掘设施对城市发展良性促进作用的潜力，实现综合效益的最大化。

当然，除了上述正面影响以外，如果规划设计不当，体育场馆的建设也可能会对城市的发展产生负面效应，因此必须加强科学研究、全面考虑、谨慎对待，强调趋利避害、科学发展。

二、改善场馆的生存环境

环境是系统赖以生存的外部条件，实现体育场馆的动态适应与可持续发展需要外部环境的支持。在我国城市、社会的发展过程中，要提高认识，有计划的逐步建立有利于体育场馆生存与发展的环境支持体系。

（一）加强城市相关设施的配套建设

正如体育场馆的建设可以促进城市开发一样，体育场馆的高效运营也需要城市相关设施的辅助。不断完善和加强城市设施建设，改善体育场馆所处地域的外部空间环境，有利于体育场馆自身效益的发挥，是解决体育场馆赛后利用问题的必要措施。

例如，1992 年西班牙巴塞罗那奥运会，为配合体育场馆建设还进行了大量市政设施建设。新的道路网使城市机动车日流量由 59 万辆增至 90 万辆，扩建机场，使旅客由每年 600 万人增加到 1200 万人，新增设 31km 地下管线，绿化面积由 400hm^2 增至 750hm^2，建设 268m 高的电视塔及大量的通信、电视设施等。这些设施的建设极大地支持了场馆的运营，它们共同发挥作用才能完成举办高水平大型运动会的任务。又如，伦敦奥运会奥林匹克公园周边建设了大型的交通枢纽、商服设施，并结合长期发展规划，逐步建设多元的建筑设施，完善配套功能，为奥林匹克公园的长期发展提供了有力支撑。英国卡迪夫千禧体育场坐落在城市中心，近邻城市中心火车站，周边商业配套设施丰富，为周边城市和客场球迷观看比赛创造了便捷的条件（图 3-26）。

图 3-26　英国威尔士千禧足球场

（图片来源：https://image.baidu.com）

没有周边相关设施的支持，体育场馆只能是无源之水、无根之苗，其长期的生存和发展必然出现困难。我国的一些体育场馆正是因为选址过于偏远,没有和城市同步发展，致使其在短期某项赛事结束后由于周边设施不配套、人气不旺，而门庭冷落、日渐衰败。因此，整体把握好城市宏观的发展战略，把体育场馆建设与城市发展相结合，注重相关设施长期持续的建设和发展，为场馆的生存和发展提供良好的硬件环境，是实现体育场馆动态适应的必要条件。

（二）加快推进联赛体系建设

联赛体系健全与否是评价一个国家体育产业发展水平的重要标准，也是使体育场馆能够得以有效利用的重要保障。我国体育场馆运营与使用中出现的问题，既有场馆自身的原因，也受制于我国体育产业尚不发达、联赛体系不健全的宏观环境。国际上许多体育强国，为我国体育产业和联赛体系的发展提供了有意义的借鉴。如冰球强国瑞典从少年到青年再到职业联赛建立了一套成熟、庞大、系统化的联赛体系。瑞典职业冰球联赛也称瑞典 A 级联赛，包括 SHL（Swedish Hockey League）级别和 HA（Hockey Allsvenskan）级别，每个级别各有 14 支球队。SHL 是级别最高的冰球联赛，HA 是次一级别的冰球联赛，两个职业联赛的球队之间可以实现流动，当上一赛季结束后，HA 联赛中排名前 2 名的球队在下一赛季可进入 SHL 联赛比赛。在瑞典非职业联赛中，每一级别都分成不同区域组织赛事。半职业区域联赛 Hockeyettan 代表非职业联赛的最高水平，分为 4 区 48 支球队，可看作 HA 的发展联赛。Division2、Division 3 和 Division 4 是更低级别的地方联赛。在瑞典青少年联赛中，赛事体系同样健全。J20 超级精英（SuperElit）是最高水平的青年联赛,包含 20 支球队,J20 精英（Elit）和 J18 精英（Elit）属于次一级的青年联赛，共有 84 支球队。瑞典少年联赛包括 5000多支球队，从 U16-U9 分为不同年龄组进行比赛。正是依托从低到高系统、完整的联赛体系，截至 2020 年，瑞典共有 64210 名已认证的冰球运动员和裁判，其中包括57937 名男性运动员，3023 名女性运动员和 3250 名裁判。与瑞典 1032.76 万人口相比较，平均每 1 万人有 60 人从事冰球运动。与之相对应，瑞典共有 362 座各级别的室内标准冰球馆，与总人口相比，平均每 1 万人拥有 0.35 座标准冰球馆。正是在这套健全的软、硬件体系保障下，瑞典在冬奥会和世界锦标赛上多次获得冠军，成为欧洲冰球运动发展最好的国家之一。

在我国主导城市体育场馆建设的，还是以奥运会、亚运会、全运会、省运会等国际、全国和地区范围内的大型综合运动会为主，职业联赛水平不高、发展尚不完善。作为我国体育事业发展的重要驱动力量，大型综合性运动会一直发挥着重要的作用。同时，这些赛事的举办使许多省市的体育设施建设步伐加快，基础设施条件不断改善。但这种大规模的综合性赛事在同一城市往往是几年甚至十几年、几十年才能主办一次，赛事体系缺乏常态化和持续性，不利于场馆赛后的持续利用。改革大型体育比赛赛制，建设完善、持续的联赛体系，有利于我国体育产业的发展和场馆效益的发挥，已经成为当代我国体育事业和产业发展亟待解决的问题。

（三）提高经济水平与调整产业结构

经济是社会发展、城市建设的基础，再好的规划蓝图如果没有经济基础的支撑也只能是纸上谈兵。体育场馆，作为满足社会高层次需求的硬件设施，更需要城市具有强大的经济实力作为其建设和运营的后盾。从历届奥运会的举办可以看出，大部分城市都是在其经济起飞、城市快速发展的阶段承办奥运会，如韩国首尔（原汉城）、澳大利亚悉尼、中国北京等。在国内这种现象也比较明显，如在经济比较发达的北京、上海、广州、深圳等地，体育场馆的数量多、建设水平高、经营效益好，而在经济欠发达地区，体育场馆无论数量、质量和经营效益都相对较差。因此，要想较好的发挥体育场馆的综合效益，需要不断地提高城市经济的发展水平，扩充城市经济实力，以便在建设、维护和使用过程中能为场馆提供坚实的基础和充分的支持。

城市的产业结构也对体育场馆的运营与使用有较大影响。如在我国北京、上海、广州、深圳、杭州、沈阳等体育产业发展较好、有职业联赛和高水平俱乐部的城市，其场馆大都有较好的经营效益。如北京工人体育场、上海虹口足球场等大型体育场馆由于承办中超联赛，每年有固定的联赛场次作保障，加之围绕联赛开展的多种经营，场馆效益可观。同时，为保证联赛的使用，政府和俱乐部对场馆维护的投入明显增加，也有利于场馆的生存发展。由此可见，调整城市宏观经济结构，重视体育产业在城市产业结构中的作用，扶植体育产业的发展，可以有力地促进体育场馆的运营发展。在我国政府层面已经认识到这方面问题，并加大力度推动体育产业的发展，促进产业结构的调整与升级。在2014年国务院"第46号文件"中就明确提出"将全民健身上升为国家战略，把体育产业作为绿色产业、朝阳产业培育扶持，破除行业壁垒、扫清政策障碍，形成有利于体育产业快速发展的政策体系。""改善产业结构。进一步优化体育服务业、体育用品业及相关产业结构，着力提升体育服务业比重。大力培育健身休闲、竞赛表演、场馆服务、中介培训等体育服务业……支持各地打造一大批优秀体育俱乐部、示范场馆和品牌赛事。"在我国经济、社会发展新的历史时期，正确的政策导向为我国体育产业和体育场馆的可持续发展创造了新的契机。

（四）健全政策法规

政策法规是体育场馆设计建设与健康发展的有力保障。1949年以来，随着体育基建投资的逐年增加，为加强管理政府发布了许多相关法规和文件，对体育场馆各项工作做出了一系列规定。例如，在体育场地设施建设方面，全国总工会最早于 1955 年颁布的《关于开展体育运动暂行办法纲要》对体育场地、设备的修建、保管和利用做出了规定。1978 年，在《关于加强城市体育工作的意见》中提出："各市体委应积极商请城建部门，把体育场地建设列入本市建设规划。" 1983 年 10 月国发第［167］号文件《国家体委关于进一步开创体育新局面的请示》中提出："应将体育场地建设纳入各地经济、社会发展计划和城市建设规划。" 1986 年 11 月城乡建设环境保护部、国家体委公布试行《城市公共体育运动设施用地定额指标暂行规定》，首次对不同人口城市公共体育运动设施的面积做出了较详尽的规定。1990 年代中期进一步颁布了《全民健身计划纲要》并最终制定了《体育法》。进入新时期，我国政府更加重视对体育方面的政策支持和法规建设。从 2014 年至今国务院、国家体育总局等政府相关部门先后出台了《关于加快发展体育产业 促进体育消费的若干意见 》《中国足球中长期发展规划（2016−2050 年）》《中国足球中长期发展规划（2016−2050 年）》《全国足球场地设施建设规划（2016−2020年）》《体育产业发展"十三五"规划》《全民健身计划（2016−2020 年）》《竞技体育"十三五"规划》《关于加快发展健身休闲产业的指导意见》《冰雪运动发展规划（2016−2025 年）》《全国冰雪场地设施建设规划（2016−2022 年）》《群众冬季运动推广普及计划（2016−2020 年）》等一系列政策措施。各地也先后出台了一些地方性政策和具体的发展规划，有力地保障和促进了我国体育事业与产业的发展和体育设施的建设。

然而，从总体来说，我国在体育设施建设、设计和管理方面的政策和法规还有很多方面有待进一步完善，任重而道远。如我国至今尚未正式出台"公共体育设施建设标准"，《体育建筑设计规范》自 2003 年颁布以来，近 20 年的时间未进行修编等，使体育场馆的决策、设计与评价缺乏科学依据。

"政策力"是推动体育设施健康发展，保证体育场馆与城市环境动态适应的重要力量之一。因此，我国应在参考国际上的先进经验，与国际接轨的同时结合我国的具体国情，加大建立健全与体育场馆相关政策法规的力度，并通过制订一定的优惠政策和严格监督、执法，确保体育场馆建设、维护资金的充足和经营效益的发挥，通过宏观政策法规的调控，实现体育场馆建设与使用的科学合理。

（五）拓宽投资渠道与改革管理体制

体育场馆的所有制和管理体制是关系到场馆经营效益的重要方面。拓宽投资渠道、改革所有制与管理体制，充分调动"人"的积极性，是场馆适应社会需求，灵活应变、不断发展的关键影响因素。

国外体育场馆的建设，其投资结构呈现多元化特征。这种多元化一方面体现在不同类型场馆其投资主体的不同，如既有以政府投资为主的公益性场馆，也有以俱乐部或赞助商投资为主体的商业性场馆。另一方面，这种多元化也体现在同一场馆建设项目通过多种途径吸引各种社会资金的参与，避免资金来源单一的现象，切实考虑收益和成本的关系问题，保证体育场馆的投资成本回收。

我国的体育场馆仍以政府性投资为主，但随着社会的进步和政策制度的改革，越来越重视发挥市场作用，开始向多元化方向发展。如华润深圳湾体育中心、上海万国体育中心、哈尔滨融创雪世界、崇礼万龙滑雪场等都是以企业为主导进行开发建设的体育场馆，极大地推动了我国体育场馆产业化发展的步伐。在政府政策层面"遵循产业发展规律，完善市场机制，积极培育多元市场主体，吸引社会资本参与，充分调动全社会积极性与创造力，提供适应群众需求、丰富多样的产品和服务"也作为加快促进体育产业发展的"基本原则"被明确提出。

此外，我国体育场馆的管理体制，大部分是由体育行政部门委托二级单位管辖，或者是采取承包经营的方式。而国外体育场馆的管理多采取由政府体育行政部门代行投资人权益，成立专门的法人公司进行管理。公司具有独立的财务权、人事权和经营权，独立运营。这种管理方式的最大特点是，便于体育场馆以平等地位的法人资格对社会进行招商引资、按股份制进行经营运作，从而激发了场馆经营管理者的主观能动性，为体育场馆发挥综合效益提供了可靠的保障。借鉴国外经验，我国政府主管部门也提出"创新体育场馆运营机制。积极推进场馆管理体制改革和运营机制创新，引入和运用现代企业制度，激发场馆活力"。并鼓励"场馆运营管理实体通过品牌输出、管理输出、资本输出等形式实现规模化、专业化运营。增强大型体育场馆复合经营能力，拓展服务领域，延伸配套服务，实现最佳运营效益"。

由此可见，继续深化场馆投资模式、所有制和管理体制改革，为体育场馆的发展建立良好的软件基础，已经成为政府主管部门和业界的共识。

三、有机聚集与综合开发

"有机聚集"是指多种体育设施或体育设施与其他相关城市设施在城市的某一区域相对集中，相互之间取长补短，形成规模效益。如同生物界的共生现象一样，个体与其他个体共同构成更高层次的群落，从而有利于个体适应环境的变化和自身效益的发挥。"综合开发"是针对有机聚集的多个相关建设项目，在资金调配、土地利用、规划设计等方面综合考虑、统一管理，实现多项目之间的整体优化，是有机聚集的实现手段。"有机聚集、综合开发"是体育场馆实现与城市环境互动生长、动态适应的有效途径，其构成的复杂性与多样性是保证城市活力的重要因素。

（一）聚集模式与要素相关性

有机聚集、综合开发的形式多种多样，如广州天河体育中心与城市商业中心的聚集、悉尼奥运会体育场馆与会展设施的聚集还有体育设施与城市公园的聚集、与学校的聚集、与居住区的聚集等。不同的聚集方式是不同客观环境条件的产物，无法孤立地评价其优劣，但无论何种方式，其组成成分功能的关联性和规模的匹配性都是决定"群落"整体效益和能否健康发展的重要因素。

能够形成有机聚集的各城市设施，彼此之间都存在着内在的相关性。设施之间的相关性越强、关联度越高则彼此之间聚集的可能性越大，聚集的有机性和合理性也越强，越容易形成良好的综合效益。这种相关性是多方面的，简单归纳为以下几个方面：

1. 空间共用

现代城市内部用地紧张、寸土寸金，将由共同空间使用要求的设施聚集在一起，实现空间共用可以节约土地资源、减小综合建设规模，同时可以提高空间的利用率，增加综合效益。以"体育场馆 + 会展"的聚集形式为例：体育场馆在举办大型体育比赛时需要大量的室外空间作为人员集散、停车场地和赛事后院使用，而会展设施也同样需要大量的室外场地用于室外展览、集散和停车。同时从内部空间来看，在举行大型体育比赛时利用展览馆较大的室内空间跨度辅之以临时座椅等设施可以用于举办体育竞技比赛、热身训练等，扩大了场馆的比赛承办能力，而平时体育场馆大量的场地空间又可以为大型会议、展览提供场地。这种室内外空间的共用可以实现体育场馆与会展设施空间效益的双赢，也是会展与体育设施的有机聚集、综合开发成为时下较为流行的一种做法的原因所在。亚特兰大奥运会、悉尼奥运会、盐湖城冬奥会、北京奥运会等都采用了此种模式。

2. 功能相似或互补

功能的相似或互补更是有机聚集形成的关键动因之一。例如，体育场馆和公园、休闲广场都是为市民群众提供休闲健身的场所，其内容相关配套。公园、广场较宽松的用地条件有利于体育场馆人车流的集散和交通组织，并且通过空间综合利用可以有力地解决场馆赛时和平时外部空间的多样利用。而体育场馆的存在可以完善公园、广场的功能，并且为其带来大量人气，有利于综合效益地发挥。体育场馆与公园、城市休闲广场有机聚集已经成为一种比较普遍的做法，并且取得了许多成功的经验。如德国慕尼黑奥林匹克公园、日本福冈东平尾公园等。

3. 城市基础设施共享

体育场馆的建设和运营需要城市发达的交通和通信等基础设施的支持，这些现代化的基础设施同时也为金融、通信、商业、地产等的发展提供了条件，而这些相关设施的发展又可以进一步聚集人气，完善城市功能，形成规模效益，进一步有利于场馆的日常运营。因此，在现代城市开发展中，常把大型体育场馆和金融、商业等设施集合建设、综合开发，使城市基础设施的效用得以最大的发挥。例如，英国曼彻斯特 Nynex 体育场就是由国家奥委会、市政府、投资公司与大英铁路公司合作开发的维多利亚车站地区系列项目之一。该项目以新建的车站和其他城市基础设施建设为契机，除体育场外还建设了写字楼、宾馆、商业等多种设施，形成了综合的、富有活力的城市新的发展增长点。

4. 景观环境相互促进

体育场馆由于其独特的建筑造型，具有城市标志性景观作用。将其与同样具有景观标志效用的风景名胜或城市公共开敞空间相聚合，能够充分展示体育场馆的建筑形象，美化外部空间景观，起到树立城市新形象、吸引旅游观光、聚集人气的作用。

西班牙毕尔巴鄂新圣玛梅斯球场坐落在城市滨水景观带西端，近邻城市老码头改造项目，并与古根海姆博物馆、沃兰汀步行桥和老城区共同构成了从西到东的城市滨水景观带的主要控制节点，起到了推动城市更新的作用。HOK 设计的美国巴尔迪摩金莺公园，将体育场作为地标，通过它的建设将 CamdenYards 码头和城市娱乐、旅游区相结合，从而实现启动城南滨水区域开发的目标。据经济专家预测，该项目每年将吸引 160 万旅游者（占城市人口的 46%），可以极大地带动城市经济的发展。

5. 经济运营相互关联

随着我国经济体制的改革，体育场馆的开发建设也由传统的政府投资模式，转向社会多元投资的市场经济模式。体育场馆与房地产、商业设施等综合开发，利用体育场馆先进的设施、优美的环境以及举办大型体育比赛聚集人气所形成的无形资产，都可以为房地产和商业开发带来巨大的卖点。同时，以房地产或商业开发的利润反哺体育场馆建设，通过"经营城市"的方法，实现场馆建设与城市开发双赢的目的，已成为国际、国内许多城市体育场馆建设选择的模式。广州白云山体育馆、哈尔滨国际会展体育中心、哈尔滨融创雪世界等都采用了上述开发办法。这种新的开发模式既有明显的优点，也存在一些问题，需要在实践中进行控制，平衡经济效益与社会效益。

（二）设计中应注意的问题

在现代城市开发建设的过程中，有机聚集、综合开发的类型往往不是单一的，而是多种类型相结合、极其复杂多元的网络体系。因此，在看到有机聚集、综合开发所带来的优势的同时，也必须谨慎对待、科学论证，避免设施彼此之间的矛盾和由于设计不当所产生的混乱。具体应注意用地指标的控制、交通流线的组织、配套设施的齐全、景观环境的协调等几个方面的问题。

1. 控制用地指标

体育场馆使用过程中会在短时间内聚集大量人流、车流，要保证它的正常运转必须拥有充足的用地空间。因此，在有机聚集、综合开发的过程中，必须合理规划并且严格控制各部分设施的用地指标，避免因为追求短期局部经济利益而畸形发展，影响综合效益的情况发生。如在体育场馆与房地产或商业设施的综合开发过程中，常常出现开发商片面追求自身经济利益，侵占体育设施用地，或"挂羊头卖狗肉"，打着开发体育设施的旗号，却只注重大量建设商业设施，而对体育场馆建设应付了事的情况。这样的做法，对体育场馆功能效益的发挥有巨大损害，对聚集体系整体的长远发展也极为不利。

2. 优化布局结构

越是大型、综合的设施其结构越复杂，聚集的结果可能是相互促进，也可能是彼此制约，关键是内部结构的合理组织。因此，优化布局结构，避免不同设施在运营过程中彼此之间造成负面影响，是有机聚集、综合开发必须重视的问题。特别是对于场馆举行大型体育比赛时的交通和疏散问题，更应是设计的重点。如对于建在学校中的体育场馆，如何在对社会开放时不影响校园的正常教学生活，建在市中心的体育场馆如何不影响周边商业设施的正常运营等。

3. 完善配套设施

体育场馆由于其独特的工艺要求，必须拥有完善的配套设施。在综合开发的过程中，有时因为用地紧张或其他原因而忽略了配套设施的建设，会为日后的使用带来不便。如哈尔滨国际会展体育中心内建设的 5 万人体育场，由于没有与之相配套的热身场地，致使其无法举办高水平体育比赛，严重地制约了场馆效益的发挥，也造成了资源的浪费。因此，有机聚集、综合开发应该重视各设施功能的相对完整性，做到配套齐全，关联互补，而不能顾此失彼、盲目组合。

4. 协调景观环境

城市空间景观环境是一个有机整体。不同的建筑有不同的类型特征和建筑特色，在有机聚集、综合开发的过程中应该注重不同类型建筑彼此之间建筑形象的和谐统一，形成多元而不混乱、丰富而又协调的城市空间景观环境。

总之，有机聚集、综合开发作为现代体育场馆设计建设的重要策略之一，既为场馆与城市实现良性的互动发展提供了机遇，也带来了挑战。应对这种越来越综合、越来越复杂的局面，设计工作也必须向综合化、系统化发展，在不断总结经验的基础上，进行更加全面深入的把控。

四、"互动生长"与动态优化

体育场馆与城市环境互动发展是一个动态过程，在这一过程中要始终贯彻"动态优化"的思想，在动态发展的过程中通过场馆自身的不断调整和周边环境的逐步完善，实现场馆与环境的协同共赢、动态适应，使建筑与环境所构成的综合系统健康成长并逐步走向成熟。为此，在体育场馆与城市环境互动发展的过程中应注意以下几点：

（一）时序性

"时序性"有两层含义：一方面，时序性表明了体育场馆与城市互动发展是一个长期的、连续的过程。另一方面，在互动发展的过程中应合理安排建设的顺序，把握不同设施恰当的建设时机。

一个新城区从开始建设到基本建成再到聚拢人气高效运行，少则七、八年，多则几十甚至上百年。这是城市建设和经济发展的客观规律所决定的。因此，在体育场馆设计建设时，必须认识到其发展的长期性，保证建设的连续性，停滞和中断都会对场馆的使用和城市的开发带来巨大的负面影响。但是，在我国有许多城市的管理者和规划设计工作者，还以落后的、静态的观念看问题，认为建筑的建成即为工作的终点。在体育场馆建设方面往往只注重设施的建成和应付某项比赛，而对之后长期的改造、完善和发展等重视不足。这种现象是影响我国体育场馆与城市互动发展的效果，导致场馆出现经营困境的重要原因之一。

另外，不同设施建设的顺序有先后，合理的顺序有助于建筑与建筑之间的相互促进，利于综合效益的发挥。反之，则会造成资源浪费、相互限制的不良后果。因此，科学制定城市发展规划，合理安排不同建筑的建设顺序，把握开发时机，对于体育场馆与城市互动发展也至关重要。如安徽淮南市体育文化中心周边地段的规划与建筑设计，就因为原有许多城市用地已被先期开发的低水平住宅所占用，致使由体育场馆建设所带动的城市综合开发受到影响，整体效益难以得到充分发挥。当初若能合理安排建设顺序，先期建设体育场馆，改善城市环境，进而提高城市土地资源的价值，促进高水平城市综合开发，就会形成良性互动的发展局面，避免这种尴尬的情况出现。

（二）交互性

体育场馆与城市环境是相互作用的动态关系，不应片面只强调一方面的作用，如只注重场馆对城市开发的促进作用却忽视城市环境发展对场馆运营的支持，而应强调相互协同、综合发展。环境发展与场馆功能脱节以及周边环境建设失控是导致体育场馆走向衰亡的重要原因之一。如原杭州市体委体育场，由于城市周边环境的发展与体育场功能相脱节，严重侵占了体育场的用地，破坏了体育场的生存空间，致使体育场的功能受到严重影响。由此可见，体育场馆与城市环境发展的交互性既有正面作用，也可能带来负面影响，关键是在建设的过程中要注意理性控制，科学协调。因此，在强调交互性时，要同时注意两方面问题，既要发挥设施之间的相互促进作用，又要避免产生矛盾、两败俱伤。

（三）方向性

保证发展方向的正确性和一致性，也是动态发展过程中值得注意的重要方面。只有发展的方向正确，才有可能获得良好结果。否则投入再多资金、人力也是事与愿违、本末倒置，甚至会带来建设性的破坏等不良后果。正如人们常说的："一个行动缓慢但方向正确的人远比一个虽健步如飞却误入歧途的人走得快。"正确的方向是由正确的目标和有效的控制共同决定的。在城市发展过程中，发展目标的主观盲目性和发展过程的随意性较强。许多城市的建设随着主要领导的更换而随意变化，规划目标朝令夕改。这种发展方向人为的任意改变违背了城市建设长期性、连续性的客观规律，使设施之间难以形成良性互动。

本章小结

体育场馆是城市中的重要公共建筑，是城市发展的重要"推动力"和"吸引力"，对城市开发和环境建设具有巨大影响力。同时，城市宏观环境是否健康、有利也影响着建筑个体的生存发展。动态适应性设计的宏观设计对策，就是把场馆作为城市系统的有机组成部分，从城市整体发展的宏观视角，建立有利于体育场馆生存与发展的环境体系，同时注重局部建设与整体的关系，强调局部与整体的协调发展，在互动的过程中实现辩证统一。体育场馆只有在整体统筹场馆设施网络系统的基础上，通过建筑与环境的和谐共生和良性互动，才能实现宏观层面与环境的动态适应，进而既有利于自身的生存也促进城市整体环境的可持续发展。

参考文献

[1] 罗鹏，李丽华. 基于气候因素制约的寒地体育场馆地域适应性设计研究 [J]. 世界建筑，2015（9）.

[2] 付本臣，初晓，魏治平，陆诗亮. 大连市体育中心体育场及体育馆 [J]. 世界建筑，2015（3）.

[3] 王奎仁. 论体育馆的功能结构与设计模式 [D]. 哈尔滨: 哈尔滨建筑工程学院博士论文，1993.

[4] 魏宏森，曾国屏. 系统论——系统科学哲学 [M]. 北京: 清华大学出版社，1999.

[5] 胡斌，吕元. 国外体育设施发展评析与启示 [J]. 低温建筑技术，2002（4）.

[6] 广州市体育设施建设现状及发展设想. 体育设施建设网（http//: www.csiso.com）.

[7] 三项措施避免场馆闲置. 中国体育报，2004（4）.

[8]   赵玉宗. 全球化、城市化与巨型工程 [J]. 城市规划，2006（3）.

[9]   刘小明，周正宇，姜帆等 . 北京奥运交通建设 [M]. 北京：人民交通出版社，2010.

[10]   董杰. 奥运会对北京可持续发展的影响 [J]. 体育与科学，2001（5）.

[11]   International Ice Hockey Federation. MEMBER NATIONAL ASSOCIATIONS[EB/OL].https：
       //www.iihf.com/en/associations.

[12]   Jörgen Hjert.FACILITIES COMMITTÉ [R].Stockholm：Swedish Ice Hockey Association,2018.

[13]   雷厉. 国内外体育场馆政策及对我国体育场馆未来发展的启示 [J]. 体育文史，2000（3）.

[14]   国务院，国务院关于加快发展体育产业促进体育消费的若干意见，国发〔2014〕46 号，
       2014.（http：//www.gov.cn/zhengce/content/2014-10/20/content_9152.htm）

第四章

多维适应——体育场馆中观适应性设计策略

本章继宏观策略的基础上，从中观层面以建筑本体为核心，探索体育场馆的适应性设计策略。通过前述有关建筑动态适应性的理论研究和模型分析，已经阐明建筑自身的"可控性"，是决定其动态适应能力的关键。对体育场馆而言，从全生命周期的角度"可控性"表现在不同的维度。功能维度的"多元性"、空间维度的"灵活性"和性能维度的"生态高效性"是决定体育场馆动态适应能力强弱的三个主要方面。

第一节　体育场馆的空间动态适应机制

探讨体育场馆的动态适应性设计策略，首先要明确体育场馆基本的空间组成和功能结构关系，分析功能与空间的相互作用机制，在此基础上作进一步的深入研究。

一、体育场馆的空间组成

现代体育场馆空间组成复杂多元、类型多样，从总体上加以归纳分类，大致可以分为主体空间、辅助空间和附属空间三大部分。

（一）主体空间

主体空间是体育场馆的核心空间，它是多种人流聚集，用以观赏和开展体育比赛等体育场馆主体活动的场所。对于体育场馆而言，主体空间主要是指比赛空间，它由比赛场地和观众座席两部分组成，是体育场馆最基本的功能空间。比赛空间具有空间体量巨大、人流复杂、工艺性强、功能综合等特点。作为主体空间它是设计的重点，辅助空间和附属空间多围绕其展开，并与之紧密关联，因此，它也往往是体育场馆设计成败的关键。

（二）辅助空间

辅助空间是为了支持主体空间功能的开展而设计的必要的功能用房，如热身训练房、运动员休息室、贵宾用房、裁判用房、记者用房以及卫生间、设备用房、仓库等。辅助空间是为主体空间服务的必要的、不可缺少的功能空间，它与主体空间联系紧密，同时其组成部分多元、流线复杂。主体空间与辅助空间共同构成了传统体育场馆的完整空间结构，可以基本满足体育比赛的使用要求。

（三）附属空间

附属空间是现代体育场馆为提高场馆的综合效益，实现资源的综合利用而在体育场馆中附加的经营性空间，如商服、宾馆、娱乐等设施。附属空间与主体空间和辅助空间有一定的有机联系，在一定的条件下可以与主体空间、辅助空间之间进行相互转化，是解决体育场馆赛后利用问题、提高场馆空间灵活性的有效调节机制，是体育场馆空间功能的有效补充。

对于体育场馆来说，主体空间、辅助空间和附属空间构成了一个相辅相成、多元综合的有机整体，共同制约着场馆综合效益的发挥。要实现综合效益的最大化，不但要优化各部分，特别是主体空间自身的空间结构、提高各组成要素的性能，同时还必须加强各部分的有机联系，优化整体结构以发挥共生效益。

二、体育场馆的功能结构

体育场馆隶属于体育比赛和城市功能的双重系统，甚至是多重系统。不同的使用要求对应着不同的功能结构，各系统之间既存在着矛盾冲突也有共同之处，这既是体育场馆赛后利用问题产生的根源，也是解决问题的关键之所在。

（一）赛时主要功能结构

举办体育赛事是体育场馆最直接的建设目的，也是其基本功能之所在。各种国际体育赛事对场馆的规模、设施标准和功能结构等都有着很高的要求。赛时体育场馆的功能结构由不同竞技比赛的组织运营系统要求所决定。以奥运会为例，国际奥委会和各国际单项体育联合会对举办奥运会比赛的体育场馆提出了十分复杂的功能要求。具体可以分为十个功能分区，分别是：比赛及热身场地、出入口及停车场、场馆运营区、观众区、赛事管理区、运动员及随队官员区、贵宾及官员区、新闻媒体区、赞助商和安保区。各功能分区分别对应不同的使用人员，不但自身内部功能结构极其复杂，同时与其他分区特别是比赛场地之间联系紧密。其总体功能结构关系如图 4-1 所示。从图中可以看出赛时体育场馆的功能结构虽然复杂，但是其整体性强，目的明确，彼此关联紧密、主次分明，有较强的向心性和内聚性。

（二）赛后主要功能结构

与赛时相比，赛后体育场馆更多地是为城市服务，其功能结构也与城市的内部功能需求相适应，表现出多元、多向、相对分散、开放的特征。如图 4-2 所示，赛后体育

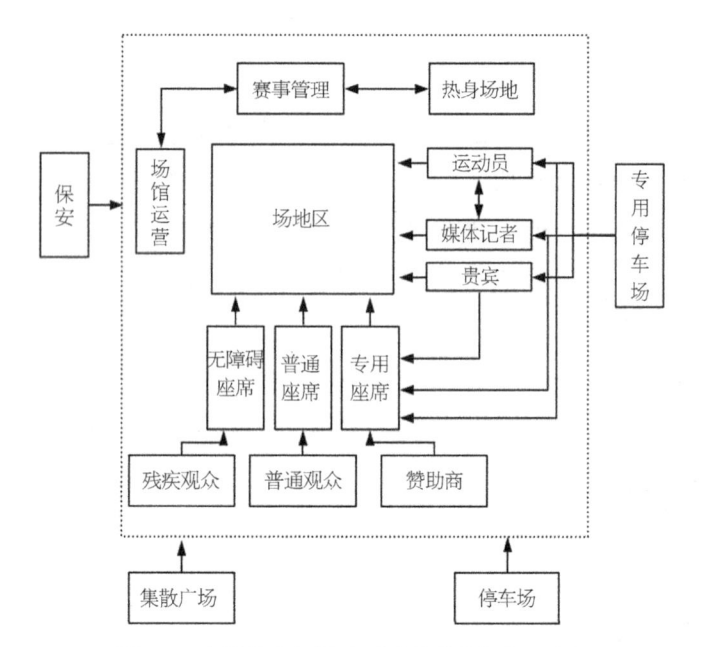

图 4-1 大型体育场馆赛时功能结构框架示意图

（建筑设计资料集（第三版）第 6 分册 体育·医疗·福利 . 中国建筑出版社，2017）

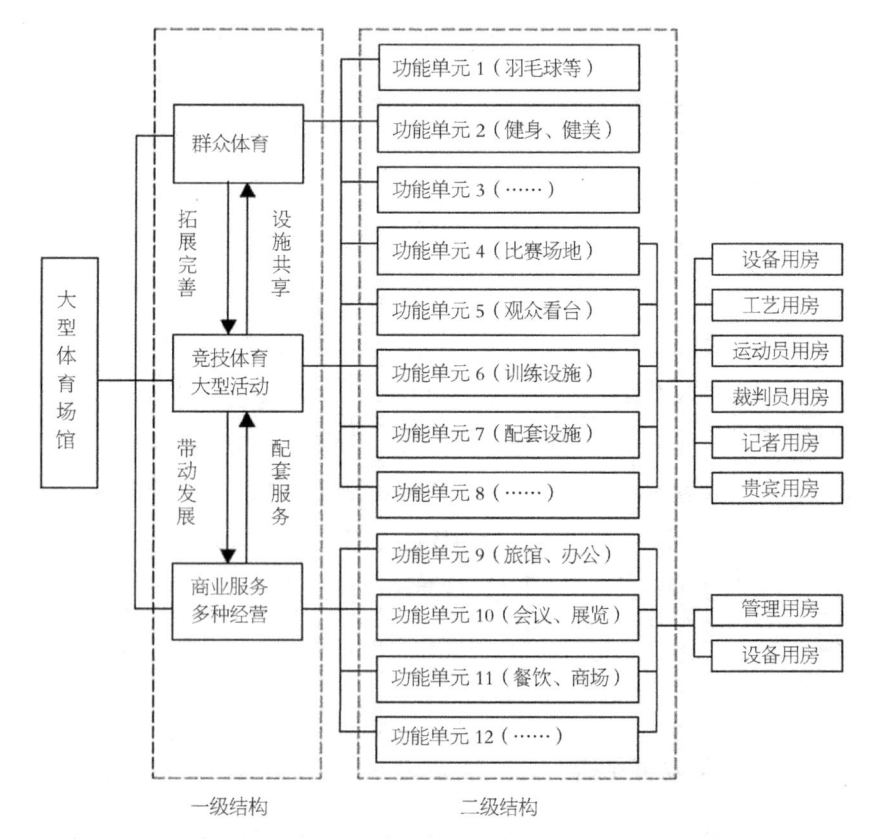

一级结构　　　　　　　　二级结构

图 4-2 大型体育场馆赛后功能结构框架示意图

（《建筑设计资料集》（第三版，第六分册））

场馆呈现出一种多元的功能结构关系,其组成具有一定的层次性。首先可分为竞技体育、群众体育和商业服务三大体系,这属于场馆功能结构中的一级结构。而每一体系又对应着多种多样的具体内容,可以称为二级结构。这两个层次的内容都受到体育场馆内部和外部因素的制约。不同的体育场馆因所处环境的差异而导致功能结构的多样性。因此,图中所给出的功能单元组成只是一种示意性的结果,它是一个随具体情况不同而动态变化的弹性开放结构。具体到每一座体育场馆,应当根据具体条件来确定功能单元的类型和具体的面积指标及其相互关系。

(三)赛时与赛后功能的关联与比较

通过上面的阐述可以发现,体育场馆赛时与赛后的使用功能具有不同特点。赛时功能集中、目标明确,是一种高度综合的静态单一型使用模式;而赛后功能丰富、相对分散又有机共生,是一种开放多元的使用模式。赛时与赛后由于场馆的使用目的不同、使用人员不同、环境要求不同、使用方式不同等原因,从而导致了场馆的功能结构不同,它们之间既存在矛盾性又有一致性。我们可以将赛时比作一个点,而把赛后比作一条线或者是一张网。赛后的日常运营是一个长期的动态过程,它决定着体育场馆的生存发展与综合效益,而举行大型体育比赛又会给场馆的建设、改造等硬件方面和场馆知名度、人气等无形资产带来巨大的发展机遇。因此,以场馆的日常运营为主线,将举办体育比赛作为场馆生存发展过程的亮点或转折点,趋利避害实现双赢,解决矛盾实现统一,是体育场馆设计的挑战也是机遇。

三、空间与功能的关联关系与适应机制

(一)功能与空间的对应关系

一方面,功能是依靠具体的空间来实现的,是空间作用于环境的外显效能,它受空间自身的属性、组成元素和组织结构的共同影响;另一方面,建筑是为满足社会需求而建造的人工物质产品,对功能的需求往往是先于建筑空间而产生的,并受到社会生活和工艺要求的影响,空间的建构以满足这种需求为目的。因此,空间建构受功能需求和功能结构的制约。以体育场馆为例,其主体空间、辅助空间和附属空间的组构关系,正是与场馆的功能结构相对应的。由此可见,功能与空间是相互制约与相互实现的对立统一关系。

另外,空间与功能并非一一对应,空间具有包容性,同一空间可能对应于不同的功能,而同一功能需求也可能由多样的空间来实现。功能与空间是一种宽松、多元的关联关系。但是,在不同情况下,空间对功能的包容能力和实现效果是有限和不同的,有优

劣之分。对于超出包容范围的功能，空间只有依靠改变自身的属性、组成和结构来实现新的功能。因此，要提高空间的弹性适应能力，使其满足共时和历时不同的使用要求，一方面要优化空间的基本组成和组织结构，合理扩大空间的功能包容性；另一方面要提高空间的灵活性，使其可以在一定的条件下调整自身的属性，适应更加广泛的功能需求。

（二）优化整合与动态适应性的发挥

动态适应性在中观层面上表现为系统内部各组成要素、组织结构的相互协同与相互适应，即系统内部的自组织性。按照"协同学"创始人哈肯（H. Haken）的观点，系统内部各个子系统之间的竞争与协同是实现系统自组织演化的动力。内部各要素之间的自组织与自适应，是对外部环境适应的基础。就建筑而言，其自组织表现为通过对建筑内部各组成要素的协调性和矛盾性进行分析，优化功能组成与结构，实现多要素之间的相互协调、灵活应变和节能高效，从而促成整体功效的最大化。对空间与功能结构的优化整合，是实现建筑体系自组织的必要途径。

体育场馆的动态适应性设计就是要通过对场馆空间的优化整合，建立具有自组织能力的空间体系，通过"多维适应"满足赛时与赛后不同的功能需求，继而适应环境共时性的多元需求和历时性的动态发展。"多维适应"的设计策略主要包括"多元综合""灵活应变"和"生态高效"三个方面。其中，"多元综合"是从建筑整体的功能组成和空间组织入手，研究在当代复杂社会需求的背景下，体育场馆多元功能空间的合理组织与系统优化；"灵活应变"则主要是从空间自身的特性入手，探索体育场馆空间的弹性应变；而"生态高效"则是从资源利用的角度，探讨体育场馆在建设、运营过程中的综合效能问题。三个方面相辅相成，既相互区别又联系紧密，共同构成体育场馆空间动态适应性设计策略的整体系统。

第二节　多元综合的功能组织策略

随着现代社会的发展，建筑功能出现分化与综合的双重趋势。分化使建筑的功能越来越趋于多元，综合则是在更高的层面上实现了对多元的整合，达到了多元的辩证统一。

"多元综合"策略，是从系统组成的角度，强调体育场馆功能组成的多样性与综合性，以此实现对体育比赛和城市各种社会需求的多样满足，从而扩展体育场馆的功能适应范围，提高效益。它是有机聚集现象在空间层次上的反映。旨在通过对建筑内部多种功能的优化整合，克服单个功能自身的局限性，发挥不同功能单元之间相互支撑、互为补充、相互促进作用，创造更为广泛和优越的整体功能。多元综合有利于节约资源、提高空间利用效率，从而增进体育场馆的动态适应能力。

作为多元综合的典型代表建筑类型，商业建筑综合体在国际、国内已不是一个新兴的建筑类型。体育建筑综合体当前在我国尚处于起步阶段，在近几年的体育场馆建设中虽然也不乏功能多样、以副养主的优秀案例，但总体来讲还没有形成一套较为成熟稳定的体系。特别是针对我国具体国情进行的体育场馆"多元综合"方面的探索还不完善，常常出现功能选择主次不分、相互脱节、结构混乱等不合理的现象，反而制约了彼此功能的发挥。为此，必须结合我国具体国情，从场馆的功能组成和布局结构方面进行深入研究。

一、优化功能组成

合理的功能组成是系统良性运转的基础，对于体育场馆"多元综合"设计对策的研究，首先应从优化功能组成方面入手。功能组成的选择应强调对外与社会需求的关联性和对内彼此之间的系统性，在突出体育建筑功能特点的同时做到多元的有机互补。

（一）以体为本，主次分明

从系统适应性的角度分析，系统的特色是其在竞争中求得生存与发展的重要影响因素。体育场馆只有以体育运动为核心展开功能，才能突出其功能特色，避免与城市其他设施的雷同，从而获得生存和发展的空间。在我国体育场馆总量较少、人均占有率低的情况下，体育场馆的功能不应过度偏重于其他方面，造成"重商轻体"、片面追求经济效益而忽略社会效益的局面。以体育功能和与体育相关的功能为主导，应是我国体育场馆功能选择的重要原则之一。

"以体为本"是综合性体育场馆架构其功能结构的前提和基础，也是其区别于其他建筑综合体的特征所在。竞技观演和群众健身是体育场馆的支柱性本体产业，"以体为本"的设计原则就是在设计中突出比赛空间的主导地位，充分考虑竞技观演和群众健身的空间需求，提供质量高、灵活性强和尽可能多的场地空间。另外，"以体为本"的设计原则还表现为，场馆的功能选择应围绕体育产业展开，开发与体育产业直接联系或相关的产业项目；同时其规模必须适当，以达到主次分明、优势互补、彼此促进的综合效益。

目前我国少数体育场馆长期进行与体育无关的活动，把体育场馆变成商业服务的场所，造成了场馆资源的浪费，这对于体育事业的长期发展极为不利。还有一些体育场馆，为了片面追求经济效益，附属商业设施的规模严重超大或与场馆主体功能脱节，结果造成流线混乱、比例失调等一系列问题，不但发挥不出设施的综合效益，反而适得其反。

（二）功能配套，多元有机

"功能配套，多元有机"是优化体育场馆功能组成的另一重要方面。即围绕场馆的主体功能，结合空间的实际情况和城市社会需求，制定一套完整、有机的功能系统，使各功能单元共享资源、取长补短，产生聚集效应。

现代建筑功能多元综合的目的，就是为了追求聚集效应。所谓聚集效应，是指通过多种功能的系统化组合，使单一功能克服自身的局限性，并在相互依存的基础上，创造更为广泛和优越的整体功能。聚集效应产生的前提条件是建筑内部各功能具有一定的内在联系，使组合在一起的任何一个内容，都可以通过合作的方式协同发挥作用。单纯的多元并置并不一定会提升效益，有时甚至会相互阻碍，只有"有机"的"多元"才能产生整体优势。

在体育场馆的功能组织中，"多元有机"一方面表现在体育场馆内部，围绕体育主体功能展开的各功能之间的有机联系；另一方面，表现为场馆对城市开放，与城市功能的有机共生。围绕体育主体功能，体育产业是一个包含体育竞技、健身娱乐、培训与咨询、体育产品销售和其他相关产业等多元素的大系统。"建立一个门类齐全、结构合理、功能齐备的体育市场体系，是优化体育产业结构的需要，也是体育产业蓬勃发展的基础。"因此，作为体育产业主要物质基础的体育场馆，要充分发挥效益，必须建立一套完整的空间系统，以适应体育产业发展和使用者的多种需要。从对城市开放的角度看，现代体育场馆作为城市空间功能体系的重要组成部分，已超出传统单一体育建筑的范畴，在满足体育功能的前提下应考虑与周边其他设施相配套，为城市多元的社会需求服务。具体在对场馆功能组成的选择时应注意不同功能之间的相容性、互补性和系列化等问题。

1. 相容性

功能相容指不同的功能单元之间有相近或相通的职能关系，因此可以临近或交叠布置。例如游泳馆和球类馆，两者功能不同，但均属健身职能，因此二者在职能上具有相容性。又如商场与保龄球馆两者功能不同，其职能分别为消费和娱乐，但它们均属于公共服务性职能，并都带有商业性，因此它们是两个相容的功能。功能相容为资源共享提供了可能，同时有利于避免使用过程中产生矛盾。当然，并不是所有的功能都具有相容性，如体育场馆与法院，虽然都同属于公共设施，但由于两者在使用方式与使用主体上存在较大差异，一个追求开放热烈，一个需要安静严肃，彼此之间在较大的矛盾，不宜组合在一起。

2.互补性

体育场馆由不同的功能单元组成。单元的不同功能属性决定了每个单元在具有独立服务功能的同时也带有一定的局限性。而正是这种局限性成为某些只具单一功能的体育场馆功效发挥的束缚。因此，体育场馆综合效益的实现首先要摆脱这种束缚，通过功能单元的互补、因借，建立完善的功能结构，达到竞技与娱乐兼顾、健身与服务并举、观看比赛与休闲消遣共享的目的，在提升效益的同时提高设施的使用品质和参与者的满足感。如上海浦东游泳馆建筑面积虽然只有21200m²，但却围绕主体项目布置了儿童戏水、羽毛球、乒乓球、台球、棋牌、攀岩、壁球、迷你高尔夫、器械健身、跆拳道和展览、休闲茶坊、美容洗浴等多种项目，使场馆成为一个多元化的体育娱乐中心。不同运动项目的互补设置形成了丰富的功能结构，给前来健身的人们提供了较大的选择空间，因此备受市民的欢迎和喜爱。国外体育场馆有的还设有幼儿园和看护室，为那些热衷体育运动的年轻家长照看孩子，使他们能够毫无牵挂地尽情观赏比赛或休闲健身。此外，诸如餐厅、酒吧之类的设施几乎已经成为国外体育场馆的必备配套设施。它们在为体育场馆提供配套服务的同时，也受益于体育场馆所带的客源和商机，可谓互利互惠。

3.系列化

现代体育场馆，随着需求的扩大、投资的多元，正逐步与健身、娱乐、商业、医疗、文教、旅游等其他产业相结合，互相渗透发展，从而形成系列化的功能结构。

一方面，体育产业是一个系统工程，它需要系统化的场馆功能满足其使用要求，如竞技、健身、训练、教学、保健等；另一方面，人的行为需求呈现出系列性，以一个游泳者为例，他除了有游泳、健身项目的需求外，还会产生洗浴、保健按摩、休憩餐饮、美容美发、购买等一系列行为需求。而对于举行大型综合性体育比赛，如世界杯、奥运会等，围绕观看体育比赛，大批涌入举办城市的观众有住宿、餐饮、购买、休闲、观光等一系列物质需求和精神需求。设计者如果能够善于发现和把握这些相互关联的潜在功能，通过系列化的功能设置，满足甚至是引导、诱发使用者多样的行为需求，势必会大幅度提高场馆的服务质量、增加效益。

瑞典斯德哥尔摩球形体育馆就是以体育场馆为主导，围绕它分别建设了写字楼、购物中心、高级旅馆等设施，进而形成"体育城"的概念。而这种系列化功能开发的作用正如管理和经营体育场馆的 Hovetcentrum AB 公司经理 Eva Roman 所说的那样："如果没有体育场馆所形成的吸引力，我认为这些房产将难以出租，另外，体育场馆若没有完善的周边环境，其作用也将大打折扣。"这充分反映了功能系列化中单个与整体之间的依存关系。英国建筑师 Geraint John 在 *Stadia-a design and development guide* 一书中对体育场馆功能发展的预测，比较明确地反映了这一趋势（表4-1）。

国外体育建筑综合体功能结构组成					表 4-1
主体空间		辅助空间		附属空间	
一级功能	二级功能	一级功能	二级功能	一级功能	二级功能
足球	音乐会	饭店	宴会	健康俱乐部	办公
网球	会议	酒吧	小型宴会	其他运动项目	零售
橄榄球	展览	私人包厢	大型宴会	旅馆	影剧院
棒球	其他运动项目	团体设施	会议	体育运动零售	住宿

（资料来源：Sutherland Lyall．Remarkable Structures-Engineering Today's Innovative Buildings．Architectural Press，2002）

从表中不难发现，体育建筑综合体功能组成丰富，从体育比赛到住宿、零售，几乎无所不容。其中体育运动是焦点，但并不是全部风景，来到这里的每个人都会找到自己的乐趣，不同人会有不同的经历，体育场馆成为任何人都能获得满足的场所。

二、整合多元空间

功能的多元化使体育场馆的内部空间趋于复杂，在功能优选的前提下，必须通过整合来避免混乱，实现内部各功能空间之间的相互适应，使整体优势得以发挥。这是动态适应性设计多元综合设计策略的关键。具体可以从协调空间规模、优化空间布局、理顺交通流线、注重平赛结合四个方面入手。

（一）协调规模比例

体育场馆多元的功能组成有一定"度"的限制，功能过于简单满足不了人们的使用要求，很难形成聚集效应；功能过于庞杂，规模过于庞大则易于造成混乱，也会对各单元之间的使用造成影响，导致整体功能运转不畅。功能单元类型、数量、规模的确定在一定程度上应综合考虑周边设施的类型与规模、场馆内部空间和交通疏散的承受能力等因素，作为建设项目自身的功能设置及规模确定的参考。对于过于庞杂的功能应进行分类，或分解成几个建筑，通过宏观层面的建筑群体规划实现协同作用，而不应拘泥于仅仅通过中观的建筑单体自身来解决问题。

（二）优化空间布局

美国休斯敦大学建筑学院教授伦纳德 R. 贝奇曼在其所著的《整合建筑——建筑学的系统要素》中指出："整合是指把全部的建筑组成成分以综合的方式协调在一起，并且强调在不妥协局部个性的前提下，使局部协调在一起。"既保证个体在系统中得以良性运转，又可以发挥整体效能，实现整体与局部的统一是多元空间整合的目标。

归纳起来，从附属空间与主体空间之间的关系来看，体育场馆空间布局可以大致分为并列、交叉、层叠、围绕和包含五种基本组合模式。其空间关系如图 4-3 所示。从图示中可以看出，不同的布局模式空间的关联度不同。从包含到交叉再到并列，空间关系表现出由聚合到分离、由一元为主到多元并置的序列关系。这也正是不同的空间规模和功能组成之间所形成的系统关系的差异性所导致的结果。空间关系越趋于分离则整体的开放程度越高，单元的自由度越大。空间越趋于合并则整体性越强、单元彼此的制约性越强。对于主附空间规模相仿、功能差异较大的建筑体系，顺应于其内部功能结构自身的离散性和独立性要求，采用并列等空间布局模式，利于空间的组织和各单元的运营；而对于功能关联较强、有一定相似性的功能组成则可以采用层叠、包含等手法，统一管理、集约使用、节约用地（表 4-2）。

通过对表 4-2 的简要分析和比较，从中可以看出不同的布局模式都各自具有优缺点，适应于不同类型的场馆设施的不同功能组成。但无论采取何种模式，都应综合考虑各组成单元的独立性、开放性、空间要求和多元之间的综合性与相互作用。做到分合有致、共生共赢。而在实际的应用过程中，仅仅采用某一种模式往往很难解决问题，大多需要根据具体的环境条件和不同功能的空间使用要求，几种模式同时综合运用，或在此基础上做出灵活的发展、变形，以便取得更加良好的效果。

综上所述可以看出，离散、开放有利于单元个体的独立经营，整体、聚合则有利于整体的综合利用。过分强调聚合会影响局部的运营，进一步会损害整体的效益；而过分的分散会使彼此脱节，难于进行空间的综合利用，也不利于空间整体效益的发挥。在实际的设计工作中，对于多元的空间布局要协调好开放、离散与整体、聚合的辩证关系，根据不同功能和空间特性间内在系统关联性的强弱，合理处理好空间的相互关系，注意度的把握，从而实现分合有致的辩证统一。

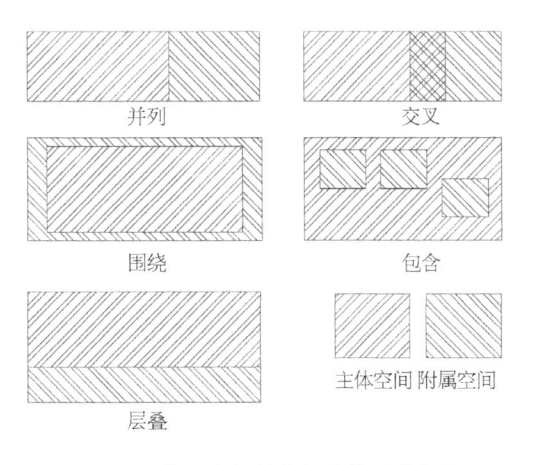

图 4-3　多元空间基本组合关系分析图

系统关系	组合模式	优点	缺点	适用情况	实例
离散 ↑ ↓ 整体	并列	不同功能空间各得其所、条理清晰，由较强的独立性，易于经营和组织，有利于通风采光和分期建设	占地面积较大	组成空间规模较大、功能具有一定差异、各自独立性要求较高的大型综合设施，是一种较好的多元空间组织方式	广东奥林匹克体育场、深圳市游泳跳水馆、日本藤泽市民体育馆
	交叉	便于不同空间的综合利用，灵活性较强、节约空间资源	技术要求较高、空间彼此有一定制约性，同时使用容易出现问题	空间具有相似性或互补性、灵活性要求高的设施	常州体育中心、宁波北仑体育馆
	层叠	节约用地	交通压力较大，同时使用流线容易交叉，空间、结构相互制约性较强	位于市中心，用地紧张地区，功能组成相似性强、使用人员不过分集中、历时性较强的设施，以群众健身娱乐型设施为宜	上海静安体育中心、上海沪南体育活动中心、南京全民健身中心、杭州游泳健身中心
	围绕	附属空间开放性好	对主体空间的开放性和灵活性有一定制约，容易造成流线过长或交叉	主附空间规模比例适当，相对成熟、发展必要性不大，附属空间使用频率较高且不影响主体空间的情况下	浙江黄龙体育中心体育场、深圳市体育场、上海申元体育场
	包含	空间综合性较强，易于统一管理	空间独立性较弱，开放性差，流线容易交叉	组成功能类型相似、空间主次差别较大，统一管理的设施	深圳宝安体育馆

第三节　灵活应变的空间设计策略

　　灵活应变是指建筑的内部空间具有一定的弹性和兼容性，可以根据共时性和历时性不同功能的使用要求，进行灵活的调整，从而扩大建筑的功能适应范围，提高空间的利用率。灵活应变的设计策略立足于空间资源的有效利用，提高空间的应变能力，赋予空间自由变换的特性。它是对传统多功能思想的升华，旨在建立具有自调节和自生长功能的弹性空间体系，以对应环境的发展变化和未知的潜在需求。空间的灵活性越强，则其应变能力越强，其动态适应能力也越强。

　　然而，建筑毕竟不是"积木"，在现有的经济技术条件下还不可能根据人的主观意愿随时推翻、任意组合。建筑的灵活应变是有条件的，是在一定制约因素限制下的相对灵活，是在基本空间框架基础上的综合应变。因此，在具体的设计实践过程中，必须区分建筑的固定部分与可变部分，对固定的基本空间框架进行优化，对可变要素制定必要的应变措施，通过整合基本空间框架和灵活应变措施，实现良性搭配，达到提高空间效能和整体应变能力的目的。

一、优化基本空间框架

（一）优化场地选型

比赛厅空间是体育场馆的主体空间，也是设计的关键，它的合理与否直接影响到场馆空间的灵活性。而场地又是比赛厅空间的核心，是体育比赛、演出、展览、群众锻炼活动开展的场所，从体育场馆功能来看处于主导地位。因而，优化场地选型是整合场馆基本空间框架的首要任务。

1. 尺寸控制

场地的选择受体育项目的种类和工艺要求、视觉质量、座席规模等多方面制约因素的影响。如我国早期的体育馆大多场地偏小，造成比赛厅空间利用率低，无法满足多项目、多场地的使用要求。反之，场地规模过大，也会出现空余面积不能充分使用，观看小场地比赛项目时视距加大，场地四周空荡，运动员与观众不易达到共鸣，形不成应有的气氛等问题。因此，场地选型首先要合理控制场地的尺寸。

英国著名的建筑学者 G. 勃罗德彭特对空间的功能兼容性进行了研究，他认为功能与空间并非总是一对一的，在一定条件下，不同的功能可以被同一空间所包容。受此研究的启发，体育场馆的场地尺寸控制要根据实际情况，寻找场地的合理高效兼容尺寸，使其既可以容纳尽量多的活动，又不至于产生浪费，从而为场馆的灵活应变打下基础。

不同的体育运动项目对场地的要求差异性很大，受体育工艺、座席数量和视线设计等因素的限制，大型场地与小型场地之间往往很难整合在一起，达到良好的效果。因此，场地选型首先要在不同的比赛项目之间进行优化，选择规模相当、工艺要求相仿的项目进行归类，统筹考虑，而把不适合放在一起的项目剔除。例如，对于体育场而言，很难与篮、排球等小型场地相结合，而与足球、橄榄球、棒球等规模相仿的比赛项目相整合则更具实际意义。同样，篮排球等项目与柔道、体操、冰球等相结合比较适合。另外，对于个别专业要求极强的项目（如射击），很难与其他项目共用场地，也不必强求，应以该项目的专业工艺要求为主选择场地。

在场地选型的过程中还应考虑赛后开展群众健身等活动的场地使用情况，做到竞技体育与群众健身的综合优化。以大型综合性球类馆为例，此类场馆为提高场地效益，除了综合考虑篮排球、羽毛球、手球、乒乓球等球类运动之外，还可与体操、摔跤、柔道、冰球甚至是游泳等项目综合考虑。因此《体育建筑设计规范》中规定，此类场馆的场地应大于 40m×70m（国际搭台体操比赛场地要求）。但在赛后利用时，40m×70m 的场地在举行国内最为普遍的篮球、排球比赛时，场地内可容纳的活动看台仅为 3200 席左右，以大型体育馆 1 万座的标准衡量，活动座席不到 1/3，赛后可用场地占比赛厅的面积不到 40%，空间利用率较低。同时，在国内开展的群众健身项目之中，羽毛球是受到广大人民群众普遍欢迎的项目之一，也是体育馆日常场地出租率最高的群众健身运动项目。40m×70m 的场地最多能容纳 20 块羽毛球场地，虽比一般中小型场馆可容纳的羽毛球场地总数略高，但因为中小型场馆的座席数量也相对较少，选择此种场地的比赛厅其整体的空间效率甚至会低于中小型体育馆。由此可见，此类大型体育馆场地尺寸的选择还有相当的优化余地。例如，以羽毛球场地为模数，将场地扩大到 40m×70.4m，可容纳羽毛球场地即可增加到 22 块，场地面积仅增加 0.57%，场地数量却增加了 10%（图 4-5 与表 4-3）。当场地尺寸达到 50.2m×76.9m 时，场地面积较 40m×70m 场地仅增加了 37%，而可容纳羽毛球场的数量则增加到了 27 块，增加了 50%，可容纳篮球场地也由 4 块增加到了 6 块，增加了 50%。另外，50.2m×76.9m 的场地可容纳活动座席 5100 席，还是以 1 万座席的标准衡量，活动座席占总座席数的 50% 以上，赛后可利用场地面积占比赛厅总面积的 60% 以上，在不影响赛时使用效果的基础上，大大地提高了比赛厅赛后的空间效率（图 4-6 与表 4-4）。与我国传统的一些大型体育馆比赛厅巨大而场地狭小的情况相比，优化场地选型所能产生的社会与经济效益是巨大的。

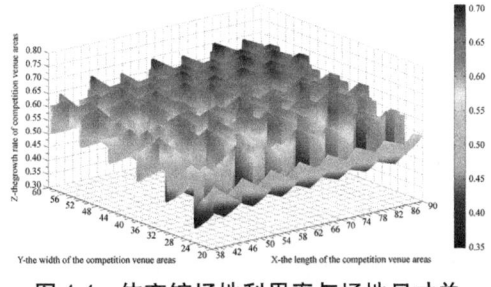

图 4-4　体育馆场地利用率与场地尺寸关系分析图

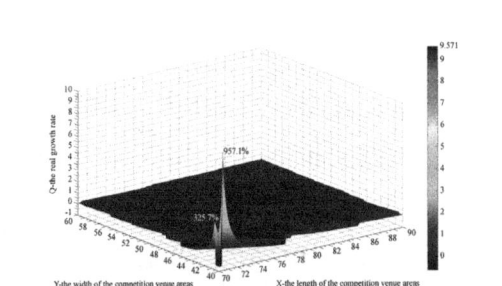

图 4-5　大型体育馆场地尺寸与利用率关系分析图（赛后全民健身使用时）

（图片来源：李丽华，罗鹏，基于 MATLAB 模拟的体育馆比赛场地尺寸优化设计探究，黑龙江大学工程学报，2015.（06）：19-25）

2. 形状选择

场地的形状也是影响场地使用性能优劣的重要因素。场地形状的选择应该综合考虑所容纳体育项目的内容、视觉质量、场地变换的可行性、比赛厅形状等多种因素。

对于一般球类馆而言，由于球类场地绝大多数是矩形，选择矩形场地既利于座席的布置，又使赛后利用空间效率较高，因此较为普遍。但在选择矩形场地时也应注意对场

大型比赛场地的尺寸优化对比表　（赛后全民健身使用时）　　表 4-3

大型比赛场地	场地尺寸优化前		场地尺寸优化后
	横向布置为主时	纵向布置为主时	最优布置时
大型比赛场地			
健身场地数量	20 块	18 块	22 块
场地尺寸	70.0m×40.0m		70.4m×40.0m

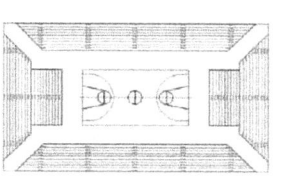

场地 40m×70m 可容纳活动座席 3200 座

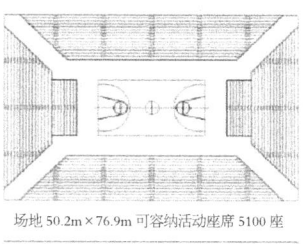

场地 50.2m×76.9m 可容纳活动座席 5100 座

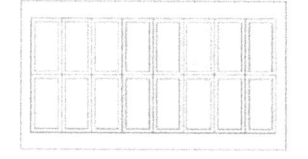

可布置羽毛球场地 18 块

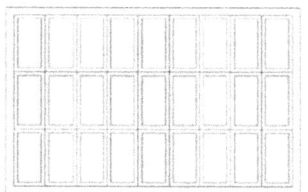

可布置羽毛球场地 27 块

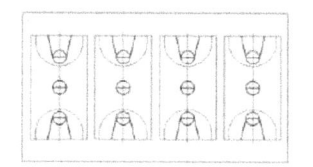

可布置篮球场地 4 块

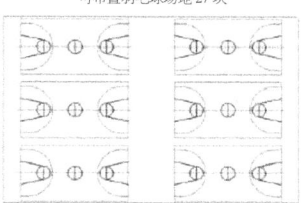

可布置篮球场地 6 块

图 4-6　场地尺寸优化选型对比图

场地尺寸优化选型对比表　　表 4-4

	对比数据		增长率
场地尺寸	40m×70m	50.2m×76.9m	—
场地面积	2800m²	3860m²	37%
占比赛厅面积比率	40%	60%	20%
场内容纳活动做席数	3200	5100	20%
可容纳羽毛球场	18	27	50%
可容纳篮球场	4	6	50%

第四章　多维适应——体育场馆中观适应性设计策略

地长宽比例的优化，不合理的长宽比会影响场地的空间使用效果，带来空间的浪费。对于以田径、冰球等为主的大型或中型场地，为了创造良好的视觉效果，场地选择椭圆形较多，如日本大阪城体育馆等。圆形场地由于与矩形的赛场矛盾较为突出，且赛后利用空间利用率较低，因此对于大多数体育场馆来说并不适合，但对于个别项目如棒球、马戏、斗牛等，选择圆形场地、通过活动看台的转换可以实现圆形、矩形和扇形等场地的变化。在棒球运动较为发达的美国、日本等国家此类场地较为多见。

由此可见，场地形状的选择不能教条地套用某种形式，而应该根据不同场馆具体的使用情况，综合考虑赛时与赛后的多种使用，进行合理整合、综合优化。

（二）优化座席布局

体育场馆比赛空间内设有大量座席，其布局形式直接影响着比赛空间的使用效果。座席的布局受比赛场地选型、视线要求、座席类型和赛后多功能利用等诸多因素的综合影响，对于追求功能灵活应变的动态适应性设计而言，优化座席布局是必不可少的重要方面。

体育场馆的视线设计牵涉视点、视距、视角（方位角、高度角）和视野等指标的选择和控制。单纯从体育比赛的视觉质量出发，则无疑采用与视觉质量分区图相对应的沿场地周圈成椭圆形对称的布局形势较为合理，以竞技比赛为主的大型体育场馆，为控制视距，营造热烈的空间氛围，保证最佳的观看效果，常采用此种布局方式。例如，美国纽约布林旦·比尔体育馆、洛杉矶湖人队的斯坦博尔斯体育中心、埃德蒙顿北国冰球馆、西班牙巴塞罗那体育馆（图4-7）等均采用了此种布局方式。

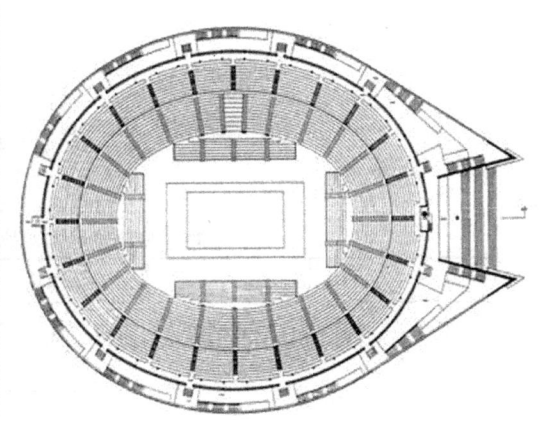

图4-7　西班牙巴塞罗那体育馆

（图片来源：New Architecture 3——Sport Facilities．2006）

然而，目前在我国由于体育产业尚不发达，竞技比赛只占体育场馆年均总使用天数的不到 10%，而文艺演出、集会等成为场馆日常使用中的重要补充，社会需求较大。因此，应结合我国体育场馆使用的实际情况，做出相应的优化与调整。

此外，对于中小型体育场馆而言，由于座席数量相对较少，视距问题不是设计中的主要矛盾，为适应比赛厅多功能的使用需求或满足特殊的使用要求，便于空间布局模式的转换，座席布局可以采用单侧为主、双侧为主或"U"字形布局等多种模式。

与体育比赛不同，大型集会和文艺演出观演模式以单向观赏为主，舞台位于一侧，观众席面向舞台展开；而体育比赛则是场地位于中心，座席围绕其四周布置。这种由于单向与多向观赏模式不同而造成的矛盾，对于体育场馆空间的灵活应变来说是客观存在的事实。安徽省淮南市体育文化中心主体育馆，总座席数为 6670 席。在座席的布置中结合中小城市的特点，考虑除体育比赛外，城市日常有较大量的集会、典礼、文艺演出等使用需求，为此依据体育比赛时的视线要求，在沿场地长边多布置座席的前提下，采取一侧多一侧少的不对称布局形式（图 4-8）。虽然少部分座席在观看比赛时视距有少许增加，但在赛后用于举行集会、典礼、文艺演出等活动时使绝大多数座席得以利用，并可以得到较好的视觉效果。赛后进行搭台演出时，可布置出近 1 万个座席，在实际使用中得到了较好的评价。

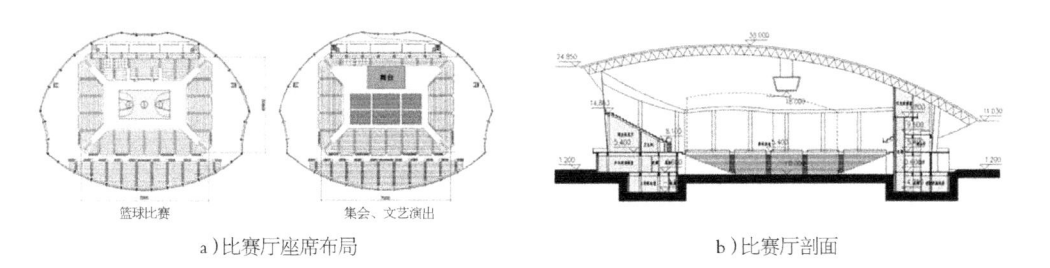

a）比赛厅座席布局　　　　　　　　　　　　　　b）比赛厅剖面

图 4-8　淮南市文化体育中心

国外的一些体育场馆在这方面也有许多尝试。如俄罗斯圣彼得堡足球馆，将场地长轴偏离比赛厅中轴线 17m，形成不对称的座席布局形式。为文艺演出增加座席近5000 席，而当观看足球比赛时只有部分座席视距增加了不到 17m，其识别尺度相差只有 2cm，对于足球比赛来说仅为原识别尺寸的 1/6，对观赏质量影响不大。葡萄牙里斯本大西洋馆（图 4-9）则把座席布局为"U"字形，一方面便于主场地与训练场地的联系和综合利用，另一方面举办演唱会和文艺演出时便于在场地的长向端部设置舞台。此种布置方式对观看竞技比赛几乎无影响，却适度地照顾了赛后文艺演出、集会的视觉质量。由此可见，不同的座席布局方式各有侧重，会产生不同的使用效果，实际设计中应该实事求是地分析不同场馆的功能定位和场馆规模，根据对多种使用功能的整合，优化座席布局方式，使比赛厅空间更加灵活，使用效果得到有效提升。

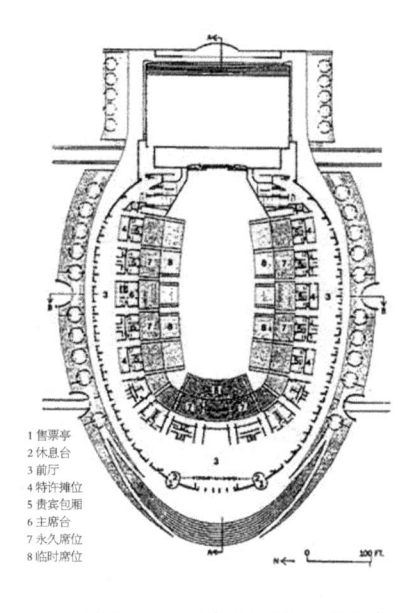

1 售票亭
2 休息台
3 前厅
4 特许摊位
5 贵宾包厢
6 主席台
7 永久席位
8 临时席位

图 4-9　葡萄牙里斯本大西洋馆座席布局

（三）优化空间高度与跨度

　　空间的高度与结构的跨度也是影响空间灵活性的重要因素。不同的比赛项目由于体育工艺的要求不同，对于空间高度的要求各不相同（图 4-10）。设计时考虑不够全面，会使空间的兼容性受到影响，而如果不加以控制，室内空间高度过高、体量过大也会造成空调负荷加大等浪费能源的情况。特别是对于游泳馆、冰上运动场馆而言，由于对比赛厅温度、湿度等空间物理环境有较高的要求，空间高度对于能耗的影响巨大，设计的合理性对于场馆建成后的运营和使用至关重要。对于看台下的辅助空间而言，柱网和层高的选择也是影响其赛后适用性的重要方面。例如，广州某体育场在二层设有专用的展览空间，长期以来却很少使用。究其原因是设置于体育场看台下的展览空间，平均进深约 30m，而装修之后的房间净高却只有 2.5m 左右。按照展览陈列空间的设计标准，展览陈列空间的最低高度应不小于 3.6m。而这些展览空间显然不能满足要求。据体育场工作人员反映，车展、服装展、农产品展览的主办方都曾来看过，均因空间高度不符合标准而离去。由此可见，对于空间的灵活化利用不能随意设计，必须为其创造必要的基本空间条件。

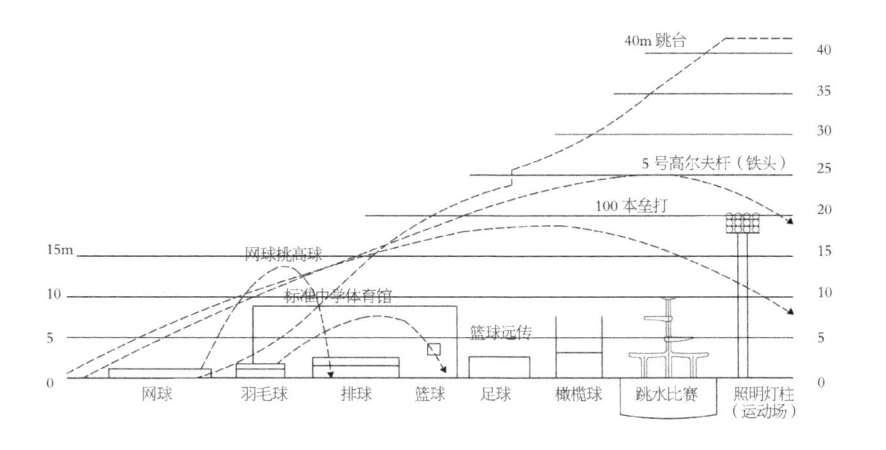

图4-10 不同体育项目的空间高度要求

（图片来源：[日]服部纪和著，陶新中，牛清山译. 体育设施. 中国建筑工业出版社. 2004）

二、综合应用应变措施

灵活应变措施是在对基本空间结构进行整合与优化的基础上，所采用的具体的适应性设计手段。它对场馆空间的灵活应变能力具有更加直接的影响作用，是动态适应性设计的重点。

从本质上来说，事物的基本变化有量变和质变两种，量变达到一定程度可以转化为质变。对应于建筑空间而言，"量变"和"质变"在建筑中可以表现为空间的规模变化和空间的形态变化。动态适应性设计兼顾这两个方面，探索体育场馆灵活应变措施的综合应用。不论是空间规模的变化、空间形态的变化，还是两者的综合，其目的都是提高场馆整体的动态适应性。

（一）界面开放

体育场馆赛时与赛后使用中的一个主要矛盾就是在平时和赛时的使用中对座席规模的要求不同。举行国际高水平大型体育赛事时，由于比赛精彩、社会影响力大，观众数量普遍较多。而赛后过大的空间体量、过多的座席往往无用武之地，成为累赘。反之，如果按平时使用要求为准进行设计，则到了举办大型综合赛事时，场馆往往由于规模达不到国际大赛标准的要求而得不到利用。比赛厅固定、封闭的空间界面限制往往是造成这种矛盾的主要原因之一。界面开放，使比赛厅空间由封闭走向开放，由限制走向自由是调节比赛厅空间规模的有效手段。

例如，2000年悉尼奥运会国际水上运动中心在游泳馆的一侧设置了一条长135m的轻钢桁架拱，用来支撑屋盖和悬挂活动墙板，从而使墙体成为非承重结构，并可以自由开启。奥运会期间，将桁架拱一侧的比赛厅界面开启，可以加设近8000座的临时看台，使观众席从平时的5000席增加到12500座，满足了奥运会游泳比赛的要求；而赛后则拆除临时看台，并悬挂上墙板，恢复了原有的空间规模，供平时使用（图4-11）。

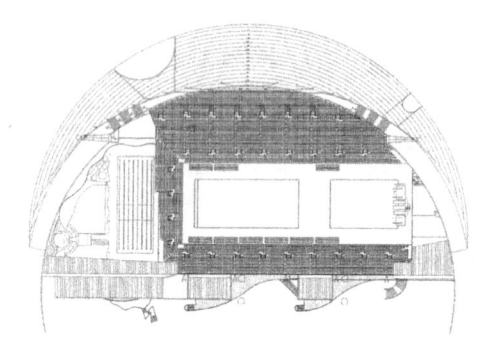
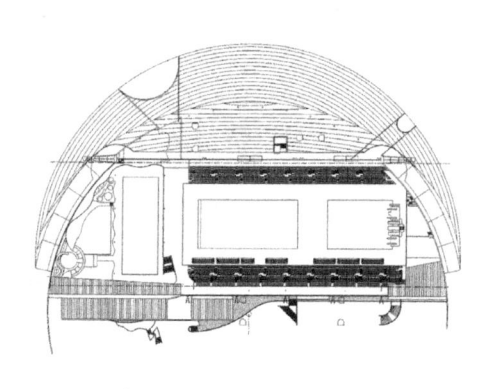

图 4-11 悉尼国际水上中心赛时与赛后平面图

（图片来源：宋晔皓，霍晓卫. COX建筑事务所. 中国建筑工业出版社，2004）

与悉尼奥运会国际水上运动中心"异曲同工"，由国际著名建筑师扎哈·哈迪德设计的2012年伦敦奥运会游泳馆也采用了界面开放的设计手法。游泳馆整个屋盖由比赛厅两端的三点支撑，比赛厅泳池两侧无需设置结构柱支撑屋盖。奥运会期间，沿泳池两侧加建临时座席，赛后拆除还原为玻璃幕墙，实现了赛时与赛后的合理空间转换（图4-12）。

图 4-12 伦敦水上中心奥运会赛时与赛后照片

（图片来源：Ian Crockford. Delivering London 2012: the Aquatics Centre[J]. Proceedings of the Institution of Civil Engineers - Civil Engineering,2011,164(6).）

广义而言，界面开放不仅限于室内场馆比赛厅建筑界面的开放问题，而是一种变固定为弹性、变封闭为开放，为空间预留对外接口和发展余地的设计理念。如悉尼奥运会主体育场，在设计中将固定看台平行于场地长轴布置。留出的场地两端空间可以用于搭建临时看台，赛后拆除从而大大地缩减了场馆的座席规模。这种开放场地某边作为弹性空间的做法，虽然在室外，也可以归结为界面开放的设计手法。相对于将比赛厅座席交圈布置，比赛厅外围结构也已固定，只是在座席后部留出多余空间增建或拆除临时看台的做法，界面开放的设计理念和手法更加先进。

另外，界面开放可以将室外自然环境引入室内，实现人工环境与自然环境的结合，创造可以适应不同社会要求和自然环境条件的，更加灵活多变、舒适安全的高品质空间。例如日本静冈新天城体育馆、德国格尔森基尔欣维尔廷斯体育场、加拿大多伦多棒球馆、英国威尔士千禧年体育场等，均采用开合屋盖。屋盖关闭可以使场馆避免受到恶劣天气环境的影响；而屋盖打开可以给比赛厅带来阳光、空气，有利于天然草皮的生长、节能降耗，比单独的室内或室外场馆都更具有优势。

（二）体量伸缩

与界面开放一样，体量伸缩也是调节体育场馆空间规模的手段之一。所不同的是，体量伸缩不但可以解决座席数量变化的矛盾，还可以解决不同比赛项目场地大小与视线之间的矛盾，同时也可以控制不同活动之间对声学、能耗等空间物理性能的不同要求。体量伸缩实现的不只是"量变"，也包含着"质变"的成分。

日本琦玉县体育馆，是一座集体育、商业、音乐及会展于一体的综合性设施。该体育馆通过使用 64 辆台车，使重量约 15000t 的包括了约 9200 个观众席、休息厅、卫生间、商店及机械室在内的称作"移动块"的部分楼座可以水平移动 70 m，从而可以将有约 23000 个座席的体育馆在短时间内迅速变为有约 36500 个观众席的足球场。此外，场馆在收缩的状态下可以创造出半室外的公共活动场所，为市民提供了一处用于集会、休闲的城市广场（图 4-13）。长野冬奥会速滑馆运用分节式木结构屋顶将建筑空间与纵向可伸缩变化的线性空间系统结合起来。设计师将 400m 的速滑跑道的直道和小半径弯道视为不同的部分。弯道部分看台可以像活塞那样在直道的"筒"中运动，并且综合运用了空间分隔设施，实现了大型体育场馆所追求的空间可变、场地规模可变和座席数量可变三者的有机统一（图 4-14）。这种设计手法解决了大型场地与小型场地之间的矛盾，无论是举行大型场地的速滑、橄榄球比赛，还是小型场地的排球、音乐会等，都可以保证良好的空间感和视线质量。

（三）空间通用

体育场馆的使用与其他大空间建筑的功能相关度很高，通过优化设计强化空间对多种功能的通用性，能够有效地发挥空间的潜力，避免重复建设。在"共享"理念日益兴起的当下，空间的通用性越来越受到重视，在国外流行的城市多功能大厅，就是空间通

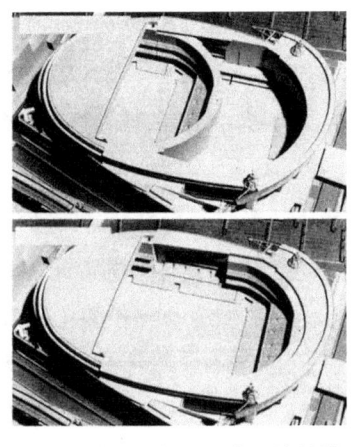

图 4-13　琦玉县体育场空间伸缩模型
（图片来源：Tips on Gymnasium Construction. Athletic Business.1999（7））

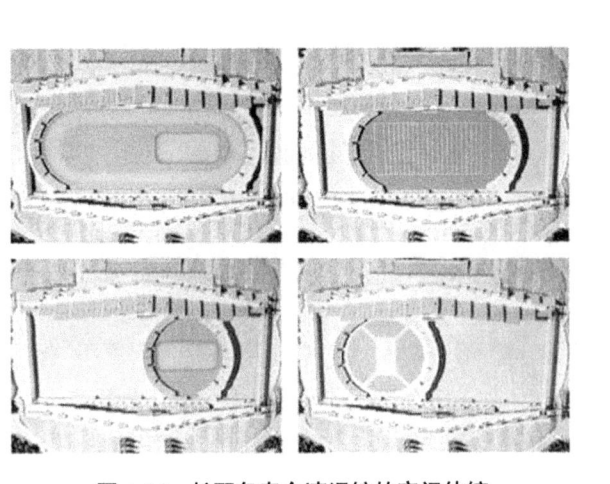

图 4-14　长野冬奥会速滑馆的空间伸缩
（图片来源：Nagano winter Olympic games memorial international seminar "Sports facilities in cold and snow-covered area".UIA/JIA. Proceeding，1998）

用的典型例子。

　　美国乔治亚会议中心（图 4-15）位于亚特兰大，它拥有 5 个连在一起的大型展览空间，是美国利用率最高的城市大多功能大厅之一。其规划布局、面积和空间高度都远超出了奥运会体育比赛的要求。在亚特兰大奥运会期间，该中心被用于举行举重、摔跤、柔道、击剑、手球和乒乓球等多项比赛，同时还被用作新闻中心使用，使用率极高。诺曼·福斯特设计的法兰克福国家室内体育场是一座空间规模巨大的综合型体育场馆。平面尺寸 140m×70m，只设置了极少数的固定座席和辅助用房，场地面积却非常巨大。设 200m 室内田径跑道，可进行包括投掷在内的田径项目、一般球类项目、室内足球、自行车赛以及其他多种室内项目。这样的比赛厅，集多种体育比赛项目、各种演出、集会、展览于一身，可分可合、可大可小，灵活性强、使用率高。此外，悉尼国际展览中心、意大利都灵冬奥会速滑馆、日本千叶幕张会展中心、北京国际会展中心等都运用了通用空间的设计手法，有效地提高了大跨度建筑的适应性。

　　空间通用实现了一馆多用，虽然在建筑的一次性投入上可能有所增加，如空间的跨度加大、高度增高，但从空间的长期使用效率和减少重复建设、节约资源的整体角度来看，无疑产出远远大于投入。

（四）灵活分隔

　　与前面的各项措施相比较，灵活分隔是在场馆灵活化措施中应用较为普遍也相对易于实现的一种做法。它是根据不同的使用要求，应用灵活隔断设施（如活动墙板或活动幕帘等），将规模较大的整体空间分隔为多个小规模的使用单元，实现了体量变化和多

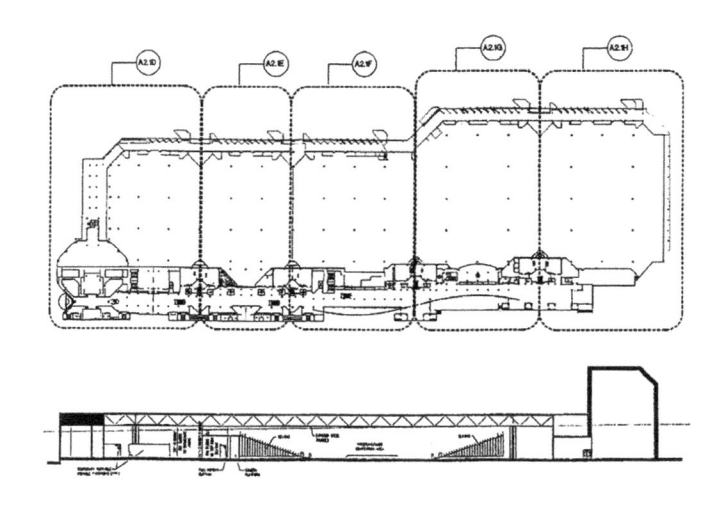

图 4-15　亚特兰大乔治亚会议中心

种活动同时开展的目的。

　　体育场馆的使用在人流量上变化很大且不均衡，举办大型体育比赛时观众众多，而作为日常开展群众体育健身活动和集会、文艺演出等使用时，规模往往不确定。另外，在场馆的日常运营中，仅历时性地满足各种活动的使用需求已经不足以提高体育场馆空间资源的利用效率，更需要共时性地容纳多种形式的活动。灵活分隔的设计措施实际上是将比赛厅空间当作一个可分合的母空间来处理，母空间在需要时可以裂变为若干子空间，各自独立使用，互不干扰；而子空间又可以合拢为大型的母空间。这种可大可小、可分可合，具有极大组合灵活性的空间使用方式，可大幅度地提高比赛厅的利用效率，并利于形成良好的空间氛围。

　　例如，美国伊利诺伊大学体育馆（图 4-16）是一个直径 122m 的圆形平面，可容纳观众 1.8 万~ 2 万人，其比赛厅可以由十字交叉的轻质隔断划分成四个扇形区域，每部分可以容纳 4500 ~ 5000 人，适合开展歌舞、戏剧、会议、演讲等各类活动，充分满足了学校日常的各种使用需求。德国汉堡体育馆平面为矩形，利用三条纵向的活动隔断可以将比赛厅划分为四块，使用时可以进行多种组合，如作为四个小馆使用、作为两个中等场馆使用、作为一大一小两个馆使用或作为一中两小三部分使用等。像这样灵活分隔空间的例子在体育场馆中还有很多，如莫斯科和平体育馆、印度新德里体育馆、加拿大卡尔加里林赛体育中心等。

　　另外，灵活分隔要保证分隔后的空间使用方便，保证每个子空间都能独立运营，这就需要在流线组织、场地选型、出入口设置、设备配套甚至是屋盖结构等方面进行优化。所以，灵活分隔不只是简单的分隔空间，还必须进行相应的整合设计。

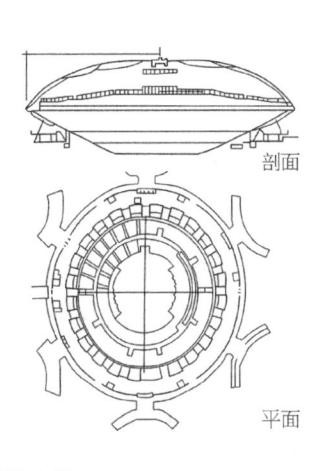

剖面

平面

图 4-16　美国伊利诺伊大学体育馆

（图片来源：梅季魁. 现代体育馆设计. 黑龙江科学技术出版社，2002）

（五）场地变换

　　场地是实现体育场馆功能的核心空间，与座席的变换相比较，场地的变换对于场馆的灵活应变更加重要，基本上是属于"质变"的范畴。不同的运动项目对于场地具有不同的要求，场地变换是指利用相应的技术措施使场地的大小、形状、质地甚至标高等方面可以灵活变化以适应多功能的使用要求。它通常与座席的变化相配合，在体育工艺、视线设计、场馆规模等方面进行综合优化。最普通的场地变换通过活动座席的推拉即可实现，而除此之外，还有许多手段都可以达到场地变换的目的。

　　例如，巴黎贝西体育馆的场地通过地面，看台座席的变化，可以完成从篮排球、摔跤、室内田径、自行车等在内的 31 项体育比赛和集会、文艺演出等活动的场地变换，为最大限度地提高场馆的利用率创造了良好条件（图 4-17）。东京代代木体育中心游泳馆可以将泳池转换为篮排球、冰球等多种场地，提高了场馆的灵活性。

　　当代，我国建设的现代化大型体育场馆也越来越重视场地的转换能力。如北京凯迪拉克中心（五棵松体育馆）、深圳皇岗体育中心体育馆、新建成的第十四届全运会西安奥体中心体育馆等都具备冰篮转换的功能。凯迪拉克中心最快可在 6 个小时内将冰球场地转换为篮球场地，适用于举办 NHL 中国赛、NBA 中国赛、CBA 联赛等不同类型的比赛，有效地提升了场馆的使用效益（图 4-18）。

（六）空间复合

　　空间复合是从空间组合关系的角度，指两个或多个不同功能的空间紧密结合在一起，在一定条件下彼此既可以连通、转换，共同使用，又可以相互分离，独立运行。与空间复合不同，灵活分隔是将一个整体空间分隔成不同的部分，而空间复合强调的是不

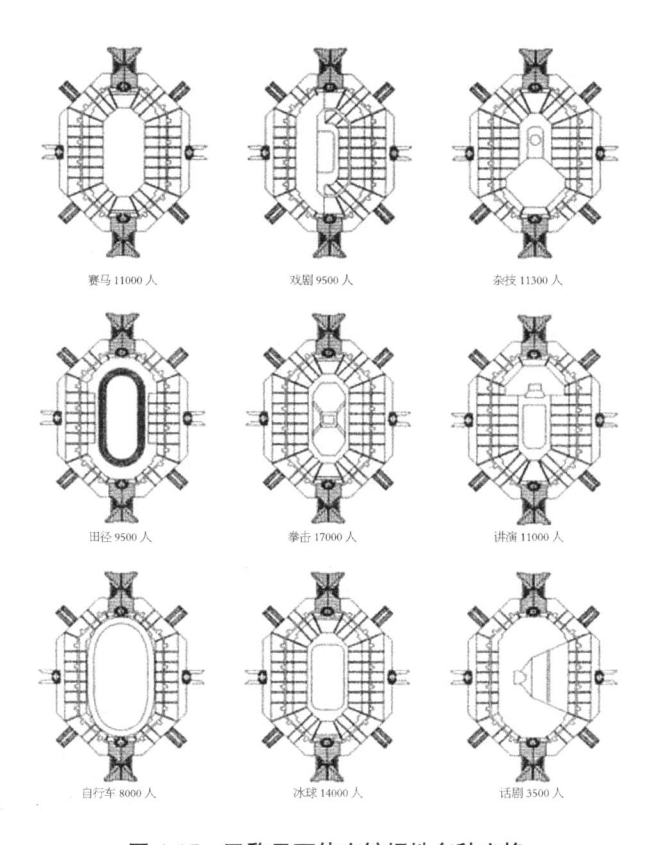

図 4-17 巴黎贝西体育馆场地多种变换

（图片来源：梅季魁 . 现代体育馆建筑设计 . 黑龙江科学技术出版社，2002）

图 4-18 深圳皇岗体育中心体育馆场地冰篮转换

同空间的有机组合。通过空间复合可以实现空间规模，特别是空间形制的变化，从而发挥单一空间所无法达到的整体效益。体育场馆在空间复合的类型上多种多样，有比赛厅与舞台的复合、与训练馆的复合、与展览空间的复合等。

例如，深圳大学城体育中心体育馆（图 4-19），综合考虑日常的多种使用，将训练馆沿场地的一侧长边与比赛厅相复合。举办体育比赛时，比赛厅与训练场地各自独立，各为所用；而举行文艺演出、集会典礼等活动时，训练馆与比赛厅之间的活动隔墙可以打开，将训练馆作为舞台使用，实现了由体育比赛空间向集会、文艺观演空间的灵活转换。北京航空航天大学体育馆为了协调比赛厅作为体育比赛、文艺演出、集会、报告等多功能使用时空间上的矛盾，同时兼顾平时训练、教学、群众健身娱乐等功能，在比赛厅的一侧设置了多功能舞台。进行体育比赛时，可拉出活动座席将舞台转换为看台，使举行篮、排球等项目比赛时，观众容量能达到4300座；日常进行体育教学或群众健身活动时，缩进活动座席又可将舞台转换为训练场地，可多布置一块排球场地；举行集会、文艺演出时作为一个大型舞台，由于配备了固定的舞台及灯光设备，比临时搭台省时、安全、演出效果更好。四川农业大学体育馆、江苏盐城体育馆、江苏昆山体育馆、浙江宁波北仑体育中心体育馆等国内外许多现代化的体育场馆，都采用了类似的空间复合方法，提高比赛厅的空间灵活性。

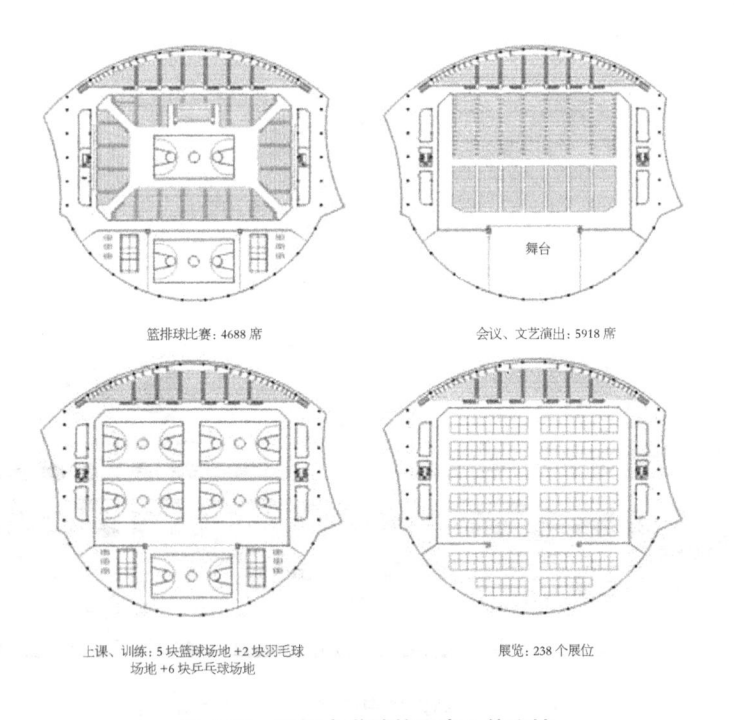

篮排球比赛：4688 席　　　　　　　　　　会议、文艺演出：5918 席

上课、训练：5 块篮球场地 +2 块羽毛球　　　　展览：238 个展位
场地 +6 块乒乓球场地

图 4-19　深圳大学城体育中心体育馆

除了比赛厅的空间复合以外，从场馆的整体空间体系出发，实现多个主体空间、辅助空间和附属空间之间的全面复合，更能够扩展空间复合的功效，全面地提升场馆空间的灵活应变能力。例如，常州市体育中心（图 4-20）运用"场馆综合"的设计手段，将体育场、体育馆、展览馆等设施综合在一起，不但辅助空间可以共用，而且比赛场地

和展览空间可以灵活分隔或连通，提高了场馆的空间灵活性。这样做，既有利于产生共生效应，协调互补，又有利于大空间的通用或共用部分设施，在很大程度上提高了场馆的使用效率。

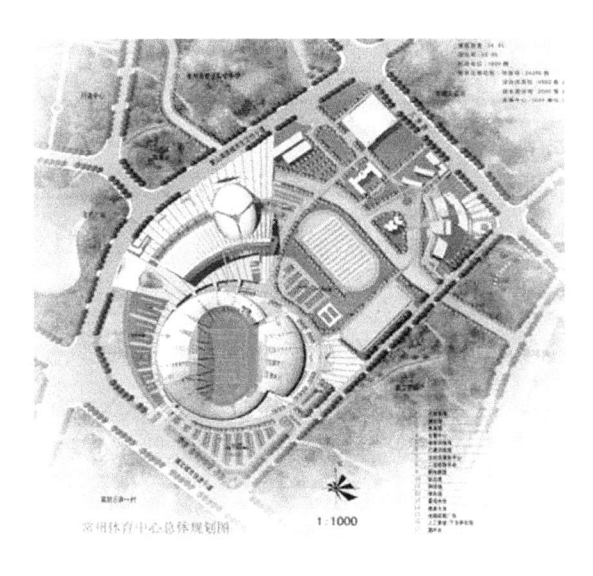

图 4-20　常州市体育中心

（图片来源：黎佗芬．谈体育建筑设计新理念．2005 年体育建筑分会年会资料汇编．北京，2005）

体育场馆的灵活应变措施还有很多，本节只是抛砖引玉、列举一二，还需要建筑师在实际工作过程中不断地总结创新。并且，各种应变措施在具有不同的优点、长处的同时，也都具有各自的缺点和不足，没有哪一条措施是十全十美的。因此，对于灵活应变措施的运用应该本着实事求是的精神，采取综合应用的办法，结合具体工程的客观条件灵活运用，不可生搬硬套，盲目使用。

第四节　绿色高效的生态适应策略

体育场馆的空间体量大，建设标准高，因此往往能耗巨大，使场馆的日常运营成本居高不下，这也是制约体育场馆动态适应性的重要因素之一。在倡导建设节约型社会、关注可持续发展的今天，运用设计手段降低体育场馆的能耗，实现节能高效，不但对于场馆自身，对于整个社会都具有积极意义。

实现场馆的节能高效是一个系统工程，既有宏观整体资源调配的作用；也有中观建筑空间设计的因素；更受微观生态环保材料、技术应用的影响。而其中对于建筑设计而言，中观的空间设计和微观的技术应用是建筑师关注的重点。本节主要是从中观层面建筑空间的角度，探讨场馆空间的节能高效设计。

一、朝向选择与体形优化

建筑空间的体形与朝向是影响其热工性能的首要因素。体形系数是反映不同空间几何形体热工性能的重要指标，它是指建筑空间与室外大气接触的外表面积与其所包围的体积的比值。将体育建筑的各种平面体形归纳、简化，大体可以概括为三角形、矩形、多边形和圆形。就体形系数而言，在体积一定的情况下，圆形的体型系数最小。各形体的体形系数关系依次为圆形＜多边性＜矩形＜三角形。从这方面而言，圆形的节能效果最好。索契冬奥会冰球比赛馆"大冰宫"为了适应冬季寒冷的气候条件，建筑形体采用椭圆形，形体收敛，减少能耗（图 4-21）。

图 4-21　索契冬奥会冰球比赛馆"大冰宫"

（图片来源：http://gc.zbj.com/20150908/n16184.shtml）

体量下沉也是控制建筑体形、较少建筑外露面积、节能降耗的有效途径。例如柏林多功能大厅（图 4-22）整体向地下沉降了一层，并且运用在局部屋盖和侧墙覆土的设计，极大地降低了建筑的外露面积。2019 年由丹麦 3XN 建筑设计事务所联合德国 LATZ+PARTNER 景观设计公司设计的慕尼黑奥林匹克公园新多功能体育馆，将拥有 11500 座席的体量巨大的体育场馆结合地形和地景设计进行了整体下沉和覆土处理，有效地减少了建筑的外露面积，不仅降低能耗，还使体育场馆建筑形体得以有效消隐，有机地融于环境（图 4-23）。另外，将建筑适当下沉还可以有效地利用大地的热惰性效应，平衡温差，达到"冬暖夏凉"的效果，减少了建筑冬季采暖和夏季制冷的能量消耗。以日本调布市综合体育馆为例，由于将体育馆建于地下，该馆与一般体育场馆相比年供暖负荷减少了约11.8%，节能效果显著。还有如柏林自行车馆和游泳馆、日本大阪中央体育馆、加拿大卡尔加里速滑馆、挪威利勒哈默尔速滑馆等许多大型体育场馆的实例都可以说明：在保证通风采光的条件下，对场馆空间作适当下沉能够取得了很好的生态节能效果。

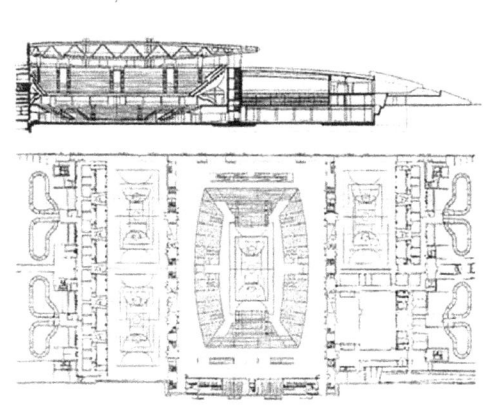

图 4-22　柏林多功能大厅

图 4-23　慕尼黑奥林匹克公园新多功能体育馆

（图片来源：http://www.archdaily.cn）

另外，不同的地区有不同的主导风向和日照角度，通过建筑体形与朝向的合理配合，能够避免冬季冷风的吹袭、合理地利用夏季的暖湿气流和日照，从而避免不必要的能量消耗，节约能源。例如，日本札幌穹顶体育馆，根据当地的风环境进行了有针对的相关设计。场馆北向封闭、南向开敞，同时根据当地风环境分析，对场馆形态进行优化，使建筑具备良好的空气动力学性能。冬季防风的同时，利用风力吹走屋面积雪；夏季南向界面开启，将风引入室内，带来清新的空气并降低室内温度。通过建筑体形与朝向的配合达到了良好的节能目的，并为场馆室内提供了舒适宜人的空间环境（图4-24）。

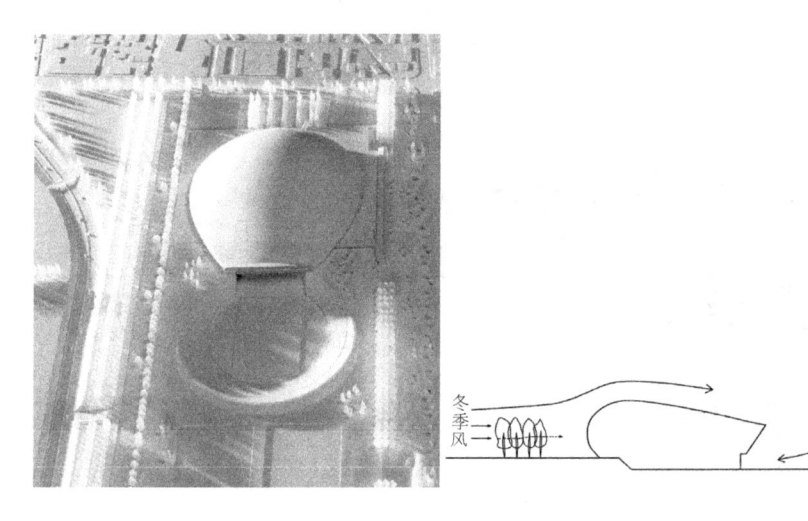

冬季风

夏季风

图 4-24　札幌穹顶体育馆

（图片来源：[日] 大桥富夫. Sapporo Dome. 彰国社，2001）

二、合理精简冗余空间

　　冗余空间是针对有效空间而言的，它是指建筑中必要的功能空间以外，无用的或利用率很低的室内空间。冗余空间过多会加大空调或采暖的负荷，增加日常维护费用，同时也会提高建筑一次性建设的投入，造成资源浪费。精简冗余空间如同是给建筑"减肥"，对于节能降耗、提高空间效率具有重要意义。冗余空间的产生因素是多方面的，对其进行精简也应从多方面综合入手。

（一）控制比赛厅体量

　　对于体育场馆而言比赛厅是建筑空间的主体，也是体量最大、能耗最高的部分。一方面，冗余空间的产生是由于结构选型不当，造成结构高度过高而产生的。如北京凯迪拉克中心（五棵松体育馆），大跨度比赛厅屋盖采用平板网架结构，结构高度达到了9.3m。这些由结构构件所占的空间很难被有效利用，却增加了大量室内空间容积，造成了冗余空间的产生。另一方面，片面追求建筑造型，也会造成室内空间不合理、冗余空间过多的弊病。在满足功能要求的前提下，按照实际的空间需求"量体裁衣"，并通过合理的结构选型塑造以建筑性能为导向的场馆比赛厅空间，是体育场馆"减容增效"，精简冗余空间的重要手段，对体育场馆实现节能高效的设计目标具有重要作用。同时，在合理的基础上，基于性能优化的建筑形体创造不但不会影响建筑的创新，还会因为从美学上真实地表达了空间的理性内涵而使设计上升到较高的艺术层次。例如，加拿大卡尔加里冰球馆（图 4−25）屋盖采用了马鞍形的双曲索网结构体系，有效地降低了 2 万座席大型体育场馆比赛厅中部的空间高度，建筑形体与其内部空间需求完美契合，不但大量节省了比赛厅空间、降低能耗，而且塑造了独特的建筑形象，获得了创作上的成功。

h1
h2
（1）
（2）
（3）

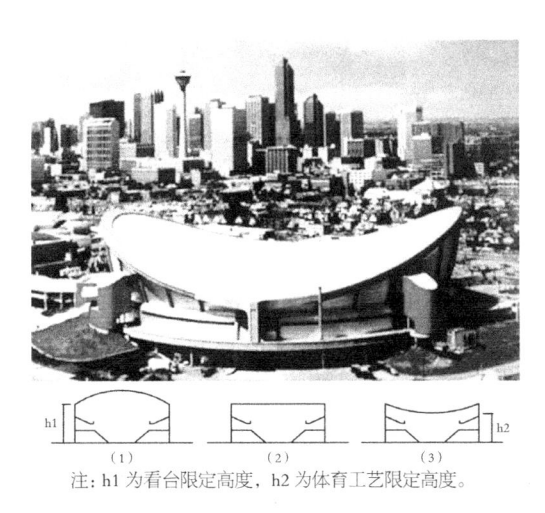

注：h1 为看台限定高度，h2 为体育工艺限定高度。

图 4-25　卡尔加里冰球馆

（图片来源：梅季魁．现代体育馆建筑设计．黑龙江科学技术出版社，2002）

（二）消除看台下三角空间

体育场馆的看台，由于受视线设计的约束，必然采用倾斜的形式。而倾斜的看台同水平的楼板相交，难免会出现三角形空间，其中一部分由于高度不足而无法利用，成为冗余空间。在设计中对其加以优化，可以有效地消除看台下无用的三角空间，提高场馆空间的利用率。具体有以下一些方法（图 4−26）。

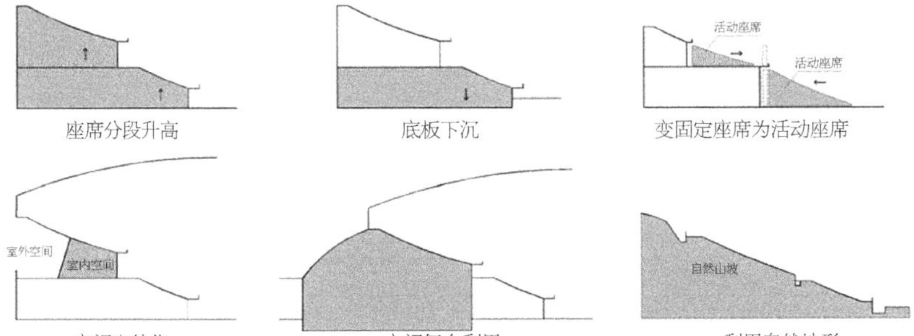
座席分段升高
底板下沉
活动座席
活动座席
变固定座席为活动座席
室外空间
室内空间
空间室外化
空间复合利用
自然山坡
利用自然地形

图 4-26　座席下空间的利用与精简方法示意图

1. 座席分段抬高

将座席按楼层进行分段，同时把每段座席的首排高度进行适当提高，当首排高度提高到 2.5m 以上时，其座席下部的空间即可以被利用。这样处理不仅可以得到可观的使用面积，而且可在座席下自由安排出入口，避免了在看台上挖出入口影响看台连续性的弊病。

2. 变固定座席为活动座席

运用活动看台替代形成三角空间部分的固定看台，通过活动看台的推拉，实现看台与场地的转换，也是解放席下三角空间，将消极空间转变为积极空间的有效途径。东北大学体育馆就应用了此种方法，在设计中将一层看台和二层的部分看台都设计成了活动看台，在举行比赛时看台拉出作为座席使用。而在平时的体育教学和训练健身活动使用时，将活动看台收起，可在一层和二层都腾出大片的场地供人使用，从而极大地提高了场馆空间的利用率。在有些规模较小的体育场馆中甚至可以全部采用活动座席，以最大限度地提高场馆空间的利用率（图 4-27）。

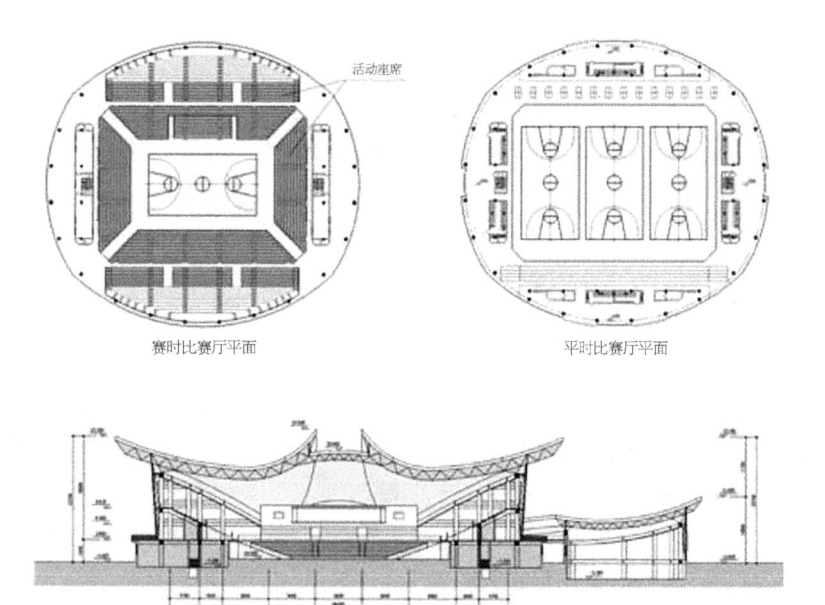

赛时比赛厅平面　　　　　　　　　　平时比赛厅平面

图 4-27　东北大学体育馆

3. 合理利用地形

合理地利用地形也是消除看台下三角空间的有效方法。如墨西哥奥运会主体育场、慕尼黑奥林匹克体育场、汉诺威 AWD 竞技场等都合理地利用地形，将一部分看台随坡就势建设在自然的坡地之上，节省了建设投入、精简了席下空间。

（三）精简看台下附属设施

看台下部空间是体育场馆中最不利于使用的空间，特别是对于大型体育场而言，看台下部空间往往在场馆总建筑面积中所占比重较大，但单位面积使用效益却不高。国外的许多大型体育场馆在设计时十分重视对看台下部不必要附属设施进行精简，以减

图4-28 澳大利亚悉尼国际网球中心

（图片来源：悉尼国际网球中心．建筑设计及其技术．2004（8））

轻场馆运营负担、提高效率。如澳大利亚悉尼国际网球中心（图4-28），看台采用悬挑的结构形式，大量精简了席下空间。德国科隆莱茵能量体育场（图4-29）、法兰克福商业银行竞技场、莱比锡中心体育场等大量现代化的体育设施也都尽可能地精简看台下空间，或利用室外空间代替室内空间，以尽量地减少运行能耗。

图4-29 德国科隆莱茵能量体育场

（图片来源：马佳．大型体育建筑固定看台下空间综合利用研究．清华大学硕士论文，2004）

综上所述，精简冗余空间，不盲目贪大求全，对于提高体育场馆单位空间效益，降低场馆运行能耗节，具有重要的实际意义。另外，需要特别说明的是，精简冗余空间与前面提到的"多元综合"的设计策略并不矛盾。精简是对无用空间或暂时不使用的空间进行的精简，并不意味着有效空间的减少，并且这种精简有利于有效空间效能的发挥，实现空间的高效利用。同时，当前的精简还可以为未来的发展留有余地，随着社会的发展，需求的不断增加，可以通过在预留出的空间位置上逐步加建有效的功能空间与动态发展的社会需求相适应，从而达到空间"生长"的目标。如德国凯泽斯劳滕菲尔茨·瓦尔特体育场（图4-30）在建设初期并不求大求全、一步到位，而是采用"积木"

式的发展模式，随着社会需求的发展不断在留有余地的基本空间框架上加建、改造。从 1920 年初建，先后经历了 1932 年、1963 年、1970 年、1993 年、1998 年、2004 年多次扩建，适应了不同时期的使用要求，而场馆也逐步成长为现代化大型体育设施，不但没有衰落的迹象，反而随着社会的发展和自身的不断完善而愈加兴旺，体现出了旺盛的生命力。这种实事求是、随着社会的发展而发展的建设模式体现了动态适应性设计思想的精髓。

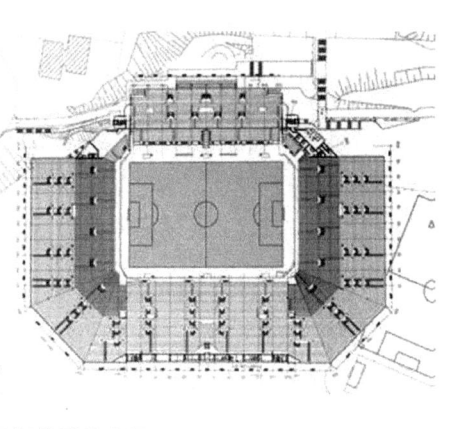

图 4-30　生长中的凯泽斯劳滕体育场

（图片来源：Chris Van Uffelen．2006 Stadiums．Page One，2005）

三、空间环境绿色健康

空间是建筑的灵魂，内部空间是建筑使用的重点，创造绿色、健康的室内空间环境是建筑设计的基本任务，也是建筑功能发挥的保证。对于体育场馆而言，不仅要为观众提供一个高舒适度的室内空间环境，还必须要满足体育工艺的各方面要求。

体育场馆在举办高水平竞技比赛时对照明、风、温度等环境条件有较高要求。不加控制的自然光、气温、风会对比赛和电视转播带来不利影响，但完全隔离自然，依靠人工手段来达到舒适度的要求，这样做不但需要消耗大量的能源，使场馆运营成本增加，而且事实证明，完全人工的所谓舒适（如人工全空调环境），并不能取代自然的生物舒适性。追求绿色、健康，向往自然是人类的本性，而体育运动更是推崇一种自然健康的生活状态，特别是在赛后开展群众健身娱乐活动时，自然化的内部空间环境不但能够节能降耗、降低日常运营成本，还能够使使用者获得生理上的舒适、达到心理上的愉悦，从而大大提高场馆的吸引力、增强综合竞争实力。因此，合理地引入自然、利用自然，创建绿色健康的室内空间环境，是体育场馆实现生态高效的重要方面。

（一）合理利用自然采光

利用自然采光和通风是实现内部环境绿色节能的主要方法。从全寿命周期角度分析，照明能耗占建筑运行总能耗的 40% ~ 50%，将自然采光引入室内可以大量减少人工照明的能源消耗，降低场馆运营成本。同时，阳光的消毒和热源作用不容忽视，自然光环境具有比人工光源更强的生物适应性。当然，自然采光如果应用不好，也会带来眩光、夏季室内过热、照度不均匀等负面影响。因此，在实际的设计工作中必须注意对自然光线的控制，采用合理的自然采光措施。

现代体育场馆用于自然采光的材料主要有玻璃、阳光板（聚碳酸酯）和膜材料（PVC、ETFE、PTFE）等几种透光性材料。而按采光位置分析则可分为天窗、顶部侧窗和下部侧窗几种类型；按采光方式分可以分为直接采光和间接采光或者叫作直射采光和折射采光（图 4-31）。对于体育场馆来说，由于主体空间体量巨大，相比较而言顶部采光比侧窗采光效率高、光线均匀度好。同时，折射采光比直射采光照度更加均匀，且不容易出现眩光的现象。日本酒田市国立纪念体育馆（图 4-32），通过张悬梁的构架使室外的阳光经地面反射进入室内，再经屋面内侧的折射均匀地撒向场地，不但有效地避免了眩光，而且创造了屋顶悬浮的独特室内空间感受，形成了该体育馆中特有的光环境。由 SOM 设计的葡萄牙里斯本大西洋馆（图 4-33）在屋顶设置了大面积的侧向天窗，天窗朝向北侧，使南向的阳光不能直接射入室内，而需经过天窗内侧屋顶侧板的多次折射，由直射光变为了漫射光，避免了眩光的产生。

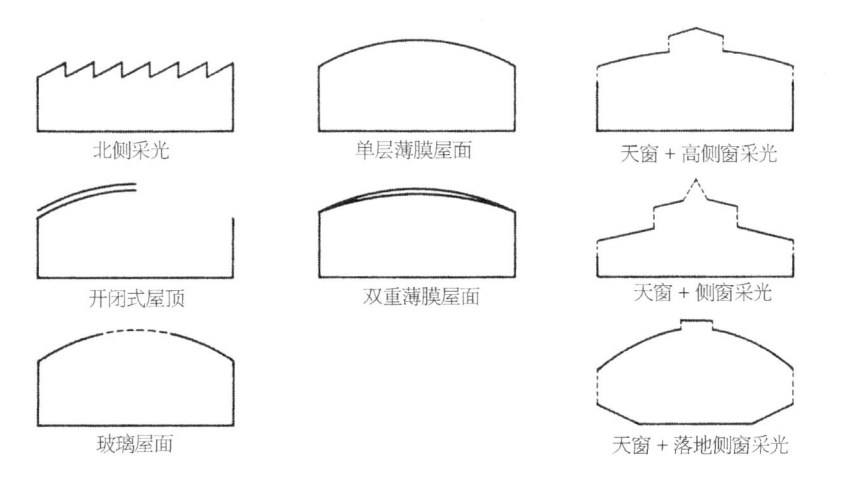

北侧采光　　　　　　单层薄膜屋面　　　　　天窗 + 高侧窗采光

开闭式屋顶　　　　　双重薄膜屋面　　　　　天窗 + 侧窗采光

玻璃屋面　　　　　　　　　　　　　　　　　天窗 + 落地侧窗采光

图 4-31　几种大型体育场馆自然采光方式示意图

（图片来源：[日]服部纪和著，陶新中，牛清山译.体育设施.中国建筑工业出版社，2004）

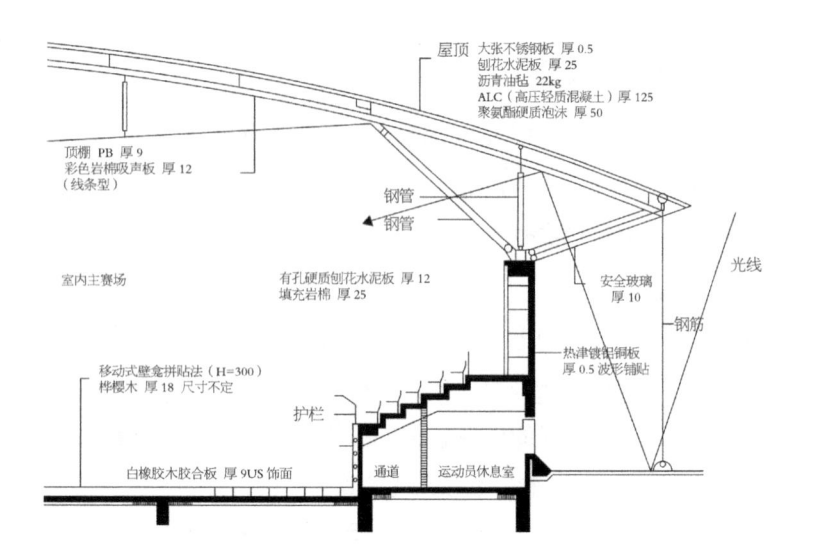

图 4-32　日本酒田市纪念体育馆自然采光分析

（图片来源：[日] 服部纪和著，陶新中，牛清山译. 体育设施. 中国建筑工业出版社，2004）

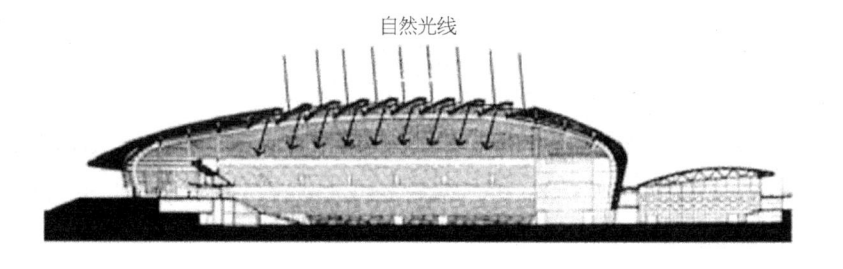

图 4-33　里斯本大西洋馆天窗采光分析

　　而对于采用直接采光的方式，则要注意控制材料的透光性能和设置必要的遮光设施。日本东京穹顶体育馆采用了具有透光性的双层膜材料屋顶。通过对膜材透光率的控制，确保了在晴天的情况下不使用人工照明室内照度可以达到 3000 ~ 5000lx，并且由于其对过剩阳光的有效遮蔽，没有出现室内过热，空调冷负荷加大的现象（图 4-34）。名古屋穹顶体育馆顶部应用透光性材料直接引进自然采光，采光面积达到 5600m²，白天进行体育比赛和健身锻炼完全可以不依赖人工照明，节约了大量能源。同时，为了控制室内光线强度，在天花上设置了卷筒式电动遮光系统，不但可以根据不同使用要求控制室内照度，还可以通过遮光片不同的组合方式形成变化多样的屋顶效果（图 4-35）。

（二）充分利用自然通风

　　空调和机械通风需要耗费大量的能源，自然通风可以带走室内空气中的污染物，补充新鲜空气，保证室内空气质量；同时增加人体散热，防止由皮肤潮湿引起的不舒适，

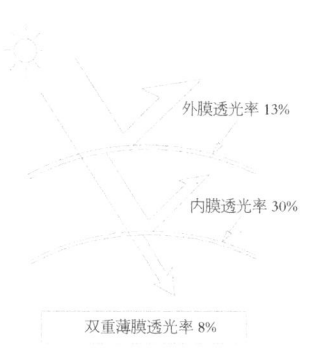

外膜透光率 13%

内膜透光率 30%

双重薄膜透光率 8%

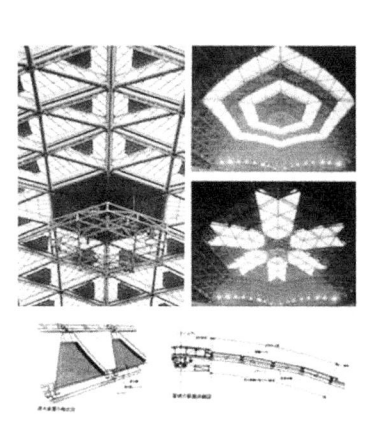

图 4-34　东京穹顶体育馆利用材料透光度控制自然采光

（图片来源：[日]服部纪和著，陶新中，牛清山译．体育设施．
中国建筑工业出版社，2004）

**图 4-35　名古屋穹顶体育馆通过
控制采光面积调节自然采光**

以改善热舒适条件；而且可以在室内气温高于室外时，给建筑空间降温。在体育场馆设计中，建筑师应有意识地应用热压和风压等原理解决自然通风问题，从而节约机械通风、空调所带来的能量损耗。

　　日本长野综合体育馆运用热压通风原理，在比赛厅顶部设计的抽拔空间是对烟囱效应的科学演绎。潮湿凉爽的自然风从建筑底部经通风口进入室内，而干燥、浑浊的热空气上升到顶部，从顶部排风口排出，形成了室内外空气的循环对流，改善室内环境的同时节约了能源（图 4-36）。

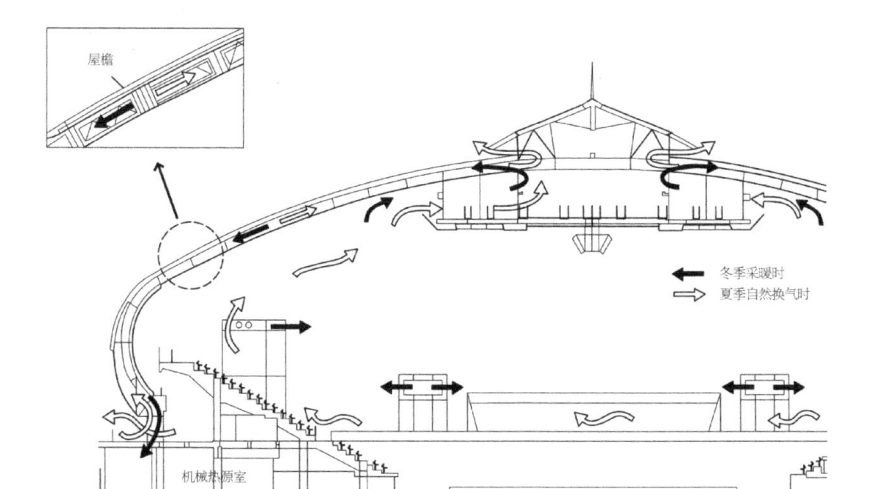

图 4-36　长野综合体育馆自然通风示意图

（图片来源：Nagano winter Olympic games memorial international seminar "Sports facilities in cold and snow-
covered area"．UIA/JIA．Proceeding，1998）

日本大馆树海体育馆则主要是利用夏季的西南季风来进行自然通风。建筑师在体育馆的旁边设置了大面积的水池，并且根据不同的方位和风向在建筑下部采用了不同高度的可开启门窗。室外空气经水面冷却后由门窗的开启扇进入室内，将室内的热量带走；即使在没有风的情况下，通过开启设在屋顶的排气口，利用热压效应也可以排出热空气，形成一个凉爽、舒适并且绿色节能的空间环境（图4-37）。

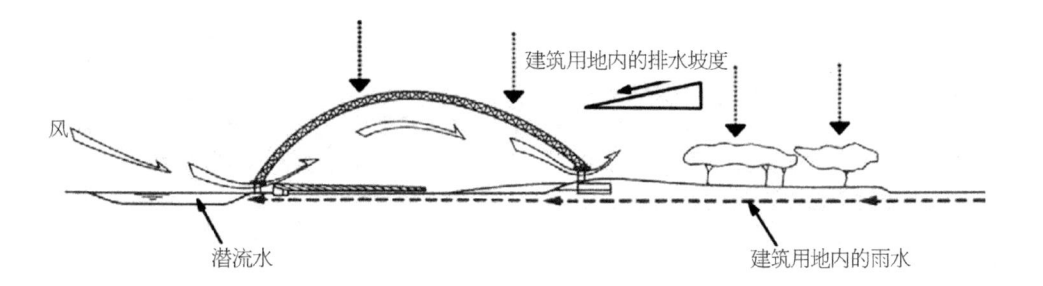

图4-37　日本大馆树海体育馆的自然通风示意图

除了以上两个主要方面，当代随着绿色建筑设计方法、技术体系、评价标准的日臻完善，场馆的性能得以不断优化。创造绿色、健康的室内空间环境还需要从前文所述的空间体量和形态控制、建筑朝向选择以及建筑界面、材料与构造设计等多方面综合考虑，以优化建筑空间性能，获得良好的实际使用效果。

四、临时设施循环利用

在现代奥运会早期，为解决场馆建设给城市所带来的巨大经济负担，法国一位建筑师曾提出建造海上浮动平台作为奥运会的永久会址，奥运会在哪个国家举办，浮动平台就移动到哪个国家的设想。这个想法虽然不太现实，也有许多不合理成分，但它所体现出的设施循环利用的思想值得提倡。当代，随着技术的发展，轻型结构与材料的大量使用，装配式、模块化设计思想与技术手段的成熟，可循环利用的临时性建筑越来越多的得以应用。在体育建筑领域，临时性场馆在奥运会等大型国际综合赛事中已经成为不可或缺的部分。利用临时设施可以将一个完整的体育场馆拆分成不同的构件，并且根据不同的使用要求，在不同的地点进行重组，从而在广义上实现了场馆设施的循环利用。对于解决大型体育比赛场馆赛时与赛后的转换、充分发挥场馆设施效益具有重要作用。

使用临时设施部分甚至是全部替代永久设施，是现代国际大型体育场赛事场馆建设的发展趋势之一。自1984年洛杉矶奥运会大量使用临时设施，取得了良好的使用效果以来,随着现代科学技术的发展,临时设施得到了快速发展,已经逐步走向成熟。如看台、舞台、卫生间、办公用房、灯光音响、计时记分牌等都可以用临时设施替代,在举办大型体育赛事的短时期内完全可以满足使用的要求。而赛后将临时设施拆除,这样既节省了建设费用又精简了空间,减轻了赛后负担,同时这些临时设施还可以循环利用,可谓一举多得。2004年雅典奥运会的沙滩排球比赛场的一部分就是使用了悉尼奥运会的临时设施重新进行搭建而成的;北京2008年奥运会的大部分场馆也都不同程度地采用了临时设施,以有利于场馆的赛后改造利用;而2012年伦敦奥运会更进一步在主体育场、体育馆、游泳馆等主要比赛场馆中完全或部分采用了临时设施进行建设,成为绿色奥运的典范(图4-38~图4-40)。当然,循环利用的策略不只限于场馆设施的层面,在能源、水、废弃物等多个方面都已有所应用,它们共同为提高场馆的生态高效性、节能环保做出了贡献。

图4-38 悉尼奥运会曲棍球场
(图片来源:初腾飞,包纯.奥运临时场馆设计探索.城市建筑,2006,(3))

图4-39 雅典奥运会沙滩排球场
(图片来源:初腾飞,包纯.奥运临时场馆设计探索.城市建筑,2006,(3))

图4-40 伦敦奥运会临建体育馆
(图片来源:https://image.baidu.com)

本章小结

系统论认为:系统的内在组织结构是其外显功能和其在环境中的生存能力的决定性因素,外环境的影响会内化为系统自身内部的组织原则,并通过内部结构的改变实现对环境条件的响应。就建筑设计而言,建筑自身的空间构成、组织结构和空间性能是决定其动态适应能力的关键。

本章在对体育场馆功能与空间结构关系进行分析的基础上,提出了多元综合、灵活应变和绿色高效的设计对策。"多元综合"主要是从功能组成的角度,扩大场馆的对环境的适应范畴,增加功能包容性,形成聚集效应与规模效益。"灵活应变"则是从空间性能和组织结构的角度增强建筑空间的可控能力,提高空间的使用效率。而"绿色高效"是从资源利用的角度减少资源损耗、降低运营成本。三个方面,角度不同,各有侧重,共同构成了一个系统的有机体系。在具体的设计实践中，综合运用上述三方面设计策略，建构科学合理的，具有高度适应能力的建筑空间体系，是实现体育场馆与环境动态适应、和谐发展的保障，是动态适应性设计的核心。

参考文献

[1] H.Haken，Synergetics. An Introduction：Non-Equilibruim Phase Transition and Self-Organization in Physics,Chemistry, and Biology, Springer-Verlag,1983.

[2] 李孝生等. 对我国综合性体育场馆经营管理现状、发展趋势和管理对策的研究. 中国大众体育网（www.chinasfa.net）

[3] 韩冬青. 论功能的动态特征 [J]. 建筑学报，1996（4）.

[4] Marie Louise Holm. The Stockholm Globe, Luxury Sports Complex，OR，1999（3）.

[5] Sutherland Lyall. Remarkable Structures-Engineering Today's Innovative Buildings. Architectural Press，2002.

[6] John Bale. Sport, space and the city. Routledge，1993.

[7] [美] 伦纳德 R. 贝奇曼著，整合建筑——建筑学的系统要素 [M]. 梁多林译. 北京：机械工业出版社，2005.

[8] 马佳. 大型体育建筑固定看台下空间综合利用研究 [D]. 北京：清华大学硕士论文，2004.

第五章

集成应变——体育场馆微观适应性设计策略

现代科学技术的发展日新月异，对人类社会产生着巨大的影响。现代建筑更是得益于技术的变革，在结构、材料、设备等技术层面的一次次革新中实现了跨越式的发展。毋庸置疑，技术已经成为现代建筑设计的核心问题，任何设计思想和理念最终都需要落实到技术层面，通过技术的手段才能变为现实。同时，技术既是一种手段也是一把标尺，衡量着各种设计方案的可行性，决定着建筑的内在品质，反映出某一国家或地区的建设能力和水平。从建筑技术层面探讨体育场馆动态适应性设计微观设计策略，可以完善整体研究框架，建立宏观、中观与微观相结合的完整设计策略体系。

第一节　体育场馆动态适应性设计技术体系解析

现代建筑技术纷繁复杂，其外延极其广泛、种类极其繁多。广义来说，在前一章提到的空间设计策略等都属于建筑技术的范畴。有别于前面章节探讨的问题，本章所要研究的"技术"问题是指技术最基本的狭义概念、从"器物工具"的层面探索具体的应用技术问题。

体育场馆的动态适应性设计相关技术是指：在基本建筑技术的基础上与场馆的动态适应性密切相关，直接服务于场馆动态适应性设计目标的技术手段的总和。它是提高建筑可控性的物质基础，是动态适应性设计策略的最基本实现手段，是一个包含结构技术、构造技术、材料技术、设备技术等建筑基本技术和生态技术、机械技术、能源技术、信息智能技术等众多前沿科技领域的综合体系。按照各种技术措施在体系中不同的功能和作用，可以把体育场馆的动态适应性设计技术分为"空间应变技术""生态节能技术"和"智慧场馆技术"三个方面（图5-1）。

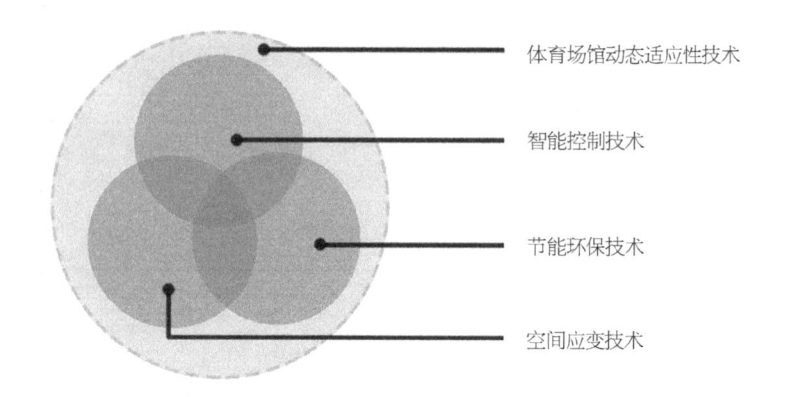

图 5-1　体育场馆动态适应性技术组成与相互关系示意图

其中，"空间应变技术"是指：应用于体育场馆设计中，可以根据不同的使用要求进行灵活移动或变换，以改变空间的规模、形状、布局结构等性质的技术措施和设备设施。其主要作用是增强空间灵活性，提高使用效率。"生态节能技术"是指：由能源、材料、生态环保等一系列技术组成的，在建筑的建设、使用直至拆除的全寿命周期中，用以节能降耗，降低运营成本、减少有害物质排放，实现生态可持续发展的技术措施。而"智慧场馆技术"的主要作用则是信息的获取传输和控制，监测和控制场馆的空间和设备运行，提高空间应变能力和服务水平。如同一个正在行进中的"人"，"空间应变技术"和"生态节能技术"好比他的左右腿，而"智慧场馆技术"就相当于他的感官和大脑，感知外界环境的变化、指挥左右腿的动作。它们虽然分工不同，各有侧重，但在实现体育场馆动态适应的共同目标下，构成了一个有机的整体，只有彼此之间相互协同，集成应变才能高效地实现场馆的动态适应性设计目标，任何一方面都不可或缺。

第二节　体育场馆动态适应性设计技术分类研究

一、空间应变技术

（一）结构应变技术

结构是建筑空间的骨架，是构成建筑最基本也是最重要的技术要素之一。结构的应变技术往往能够从根本上改变建筑空间的性质，对建筑空间的适应性具有重要的影响作用。但是，结构应变技术也相对比较复杂，实施的代价较大。当代，在体育建筑领域结构应变技术发展较快，已经成为现代体育场馆的前沿技术之一。相对发展时间较长、建成实例较多、技术较为成熟的是开合屋盖结构，立面开启、楼座移动等新型结构应变技术也已有一定应用，并在不断的发展之中。

1. 开合屋盖

（1）开合屋盖结构的定义与组成

屋盖结构是大跨度建筑设计的关键，它直接影响到体育场馆的空间功能、结构体系、建筑造型以及造价等多个方面。随着社会对体育场馆功能要求的逐步提高和经济技术水平的发展，开合屋盖结构在现代体育场馆中得以应用和发展，对体育场馆产生了巨大的影响，使体育场馆的空间应变能力大大提高。国内外一些专家甚至把拥有开合屋盖的大型体育场馆与传统的体育场馆相区别称为"第三代体育场"，足见这项技术对于体育场馆的影响力。

日本横滨国立大学教授 Kazuo Ishii 在其所著的 "Structural Design of Retractable Roof Structures" 一书中对其做出的定义是："开合屋盖结构是一种在短时间内可以把部分或全部屋面移动或开合的结构形式，建筑物在可动屋面开启或关闭的两个状态下都可以使用。"开合屋盖把一个完整的屋盖结构按一定规律划分为几个可动和固定单元，采用适当的技术，使可动单元能够按照预定的轨迹移动，达到屋面开合的目的。一般的开合屋盖结构系统由可动屋盖、机械系统和支撑结构等几部分组成，横跨建筑、结构、机械等多个领域，是一项复杂程度高、设计难度大的综合系统工程（图 5-2）。

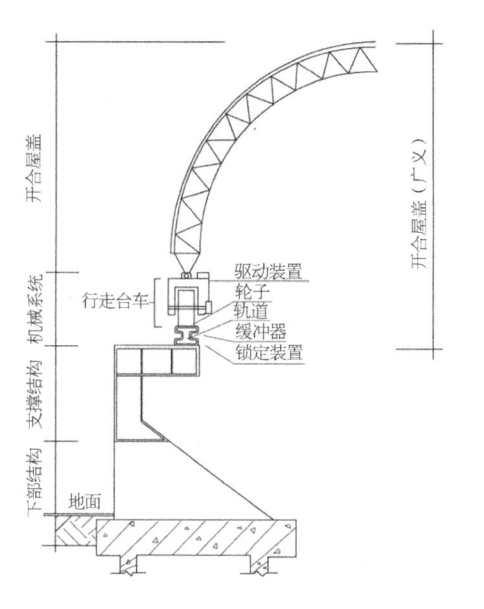

图 5-2　开合屋盖结构体系简图

（图片来源：余永辉. 开合屋盖结构的设计. 浙江大学硕士论文，2004）

（2）开合屋盖结构的产生与发展

体育场馆屋盖可开闭的设想由来已久，据 1979 年西德格拉夫博士发表的研究结果表明，早在公元前 59 年意大利庞贝城圆形竞技场的观众席上部，就已经出现了可移动的屋顶。而据史料记载，公元 80 年由罗马梯度大帝所完成的罗马柯罗席姆竞技场（图 5-3），在观众席上部也有可开闭的幕作为屋顶，并由奴隶们负责屋顶的开关。在 20 世纪 60 年代以后，安装开合屋顶的体育场馆首先在欧美开始建设，其中规模较大的应属 1961 年在美国建设的匹兹堡公民体育馆（图 5-4）。它原来只是一个直径 127m、拥有 13600 席的圆形室外剧场，后来改建成了一个拥有可开合屋盖的体育馆。建筑高 33m，屋面材料为不锈钢，开启一次历时 25 分钟，采用回转重叠式开合方式，其主要用途为冰球，兼顾篮球、演出等其他项目，建筑总造价约 2200 万美元。此后，1972 年蒙特利尔奥运会主体育场、1984 年加拿大多伦多天拱巨馆等如雨后春笋般相继出现，掀起了建设开合屋盖体育场馆的高潮。欧美的建设也大大刺激了日本，许多设计公司焕发出了对开合屋盖结构的研发热情。1987 年日本东京有明网球中心、1991 年日本福冈巨馆、宫崎水上娱乐中心等一批大型开合屋盖场馆纷纷面世。近年来如 2000 年澳大利亚墨尔本殖民体育场、2001 年日本大分县体育场、2006 年德国世界杯的格尔森之星体育场、法兰克福商业银行竞技场以及英国温布利大球场等进一步推动了开合屋盖体育场馆的发展。我国在这方面的研究和设计实践起步较晚，但是随着经济技术水平的提高和 2008 年北京奥运会的带动，不仅进行了大量的方案设计探索，并且已经有浙江黄龙体育中心网球馆、江苏南通体育场、上海旗忠森林网球中心（图 5-5）、同济大学游泳馆等多个开合屋盖体育场馆相继建成，逐步达到了世界先进水平。

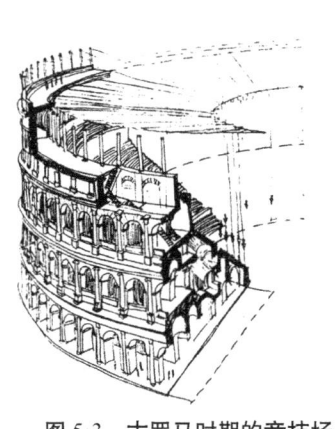

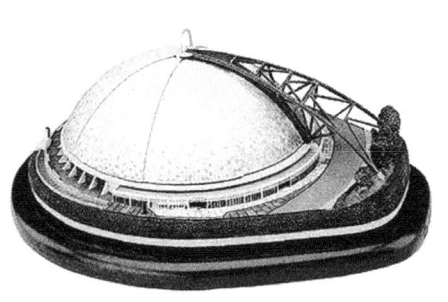

图 5-3　古罗马时期的竞技场

（图片来源：Frank Vadstrup . Cover elements forractable roof structures . JENSEN，2001）

图 5-4　匹兹堡公民体育馆

图 5-5　上海旗忠森林网球中心

（图片来源：https://image.baidu.com）

（3）开合屋盖结构的作用与建设目的

开合屋盖技术实现了体育场馆室内空间与室外空间的融合与变换，在避免恶劣气候影响提供全天候服务的同时，在晴朗天气通过打开屋面可以将自然引入室内，为使用者提供更加舒适绿色的使用环境。这种自然环境与人工环境的统一不但顺应了体育运动向往自然、追求健康的特性，而且有利于草皮的生长和节能降耗。开合屋盖不但增强了场馆对自然环境的适应能力，而且合理地利用了自然资源，提高了场馆空间的综合品质，达到了趋利避害的双赢效果。

另外，开合屋盖扩大了场馆的功能适用范围，提高了空间利用率。现代体育场馆早已超出了单纯体育比赛的使用范畴，而更多的是作为城市多功能中心来使用。与足球、橄榄球、田径等追求自然阳光、空气的体育运动项目不同，音乐会、展览、集会、电影等活动更需要室内空间良好的声、光、电条件。开合屋盖的应用有利于对空间环境的控制，可以全面满足上述的多种使用要求。例如，日本东京后乐园带充气屋顶的棒球场建成后，由于可以全天候的使用和举办音乐会、汽车展等活动，比没有加建屋顶前的使用效率大大提高，其年均总收入提高了 42%，达到 535 亿日元，纯利润也达到 84 亿日元，使建设投资的 350 亿日元可以很快收回，创造了可观的经济效益。

（4）屋盖结构的开合方式

对于开合屋盖结构而言，开合方式是建筑创作和技术设计关注的重点。根据开合机理对屋盖体系的开合方式进行分类，可以分为水平移动式、水平旋转式、空间移动式、绕轴转动式、折叠式、螺旋向心式、组合式。另外，除了上述七大主流类型以外，近年来一些设计方案中也大胆地提出了许多新的设想。这些富有创造性的设计虽然有的还不具备实施的条件，但对于开合屋盖技术的发展具有推动性作用（表 5-1，图 5-6 ～图 5-14）。

开合屋盖结构的开合方式　　　　　　　　　　　　　　　表 5-1

开合方式		技术特点
主流开合方式	水平移动式	通过平行移动 / 迭盖屋盖单元的形式打开屋盖。屋盖分为固定不动的结构单元和可移动的结构单元
	水平旋转式	屋盖单元绕某一竖轴旋转移动 / 迭盖的形式打开屋盖。屋盖分为固定不动的结构单元和可移动的结构单元
	空间移动式	通过沿空间轨迹移动 / 迭盖屋盖开合单元，达到打开屋盖的开合方式。屋盖分为固定不动的结构单元和可移动的结构单元
	绕轴转动式	屋盖单元绕某一水平轴转动，以该形式打开屋面
	折叠式	利用各种形式的折叠或褶皱使屋面折皱或绕卷。它包括水平折叠方式、旋转方式、竖向折叠方向等。屋盖分为固定不动的结构单元和可移动的结构单元
	组合式	以上各种方式的组合

开合方式		技术特点
其他新型方式	螺旋向心式	多片屋盖通过螺旋运动实现关闭和打开
	双环联动式	两片屋盖分别沿两条交叉的环形轨道联动，当屋盖运行至轨道交叉部分时屋顶关闭，当运行至分离部分时屋顶打开。是对水平旋转式的发展
	漂浮式	利用飞艇的原理，使开合单元可以飞走或降落

图 5-6　水平移动式开合屋盖实例

图 5-7　水平旋转式开合屋盖实例

图 5-8　空间移动式开合屋盖实例

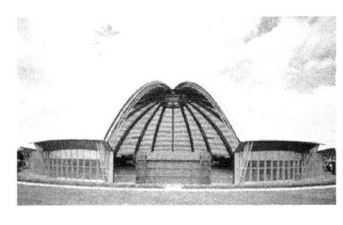

图 5-9　绕轴转动式开合屋盖实例

图 5-10　折叠式开合屋盖实例

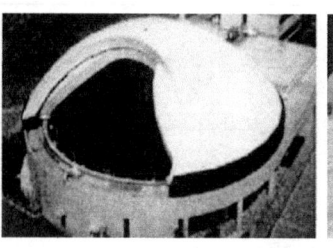

图 5-11　组合式开合屋盖实例

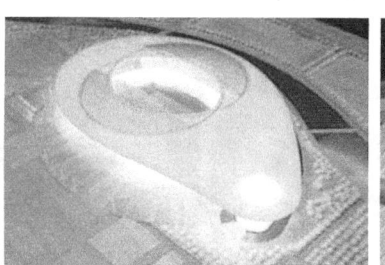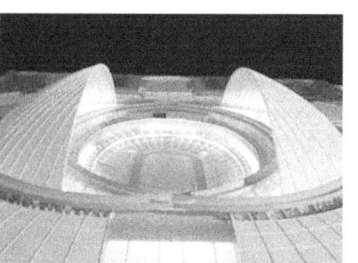

图 5-12　双环联动式开合屋盖实例

图 5-13　螺旋向心式开合屋盖实例

图 5-14　漂浮式开合屋盖实例

（5）开合屋盖结构的设计要点

开合屋盖体育场馆的设计，较一般体育场馆要复杂得多，因此更需要强调设计工作的综合性和系统性。下面简要列举开合屋盖结构设计中应注意的几个问题。

建筑方面：开、闭状态下建筑物的造型效果和开口形状应追求美观，并减小固定屋盖阴影在场地上的亮度对比；根据使用功能和建设经济性等因素设计最佳开启程度；开启屋盖的停靠方式及位置不应影响场内使用和场外环境，满足体育场馆使用的灵活性；开合速度、开合方式应合理、高效；开合状态下建筑的防火问题以及屋面单元间较大间隙的防水问题应易于解决。

结构方面：体系合理，结构稳定；在风荷载、地震荷载作用下，避免出现对开启屋盖及整个结构体系不利的状态；支承移动屋盖的下部结构应采用对屋盖开合运行影响不敏感的结构形式，开合屋盖应采取对支承结构的内力及变形影响不敏感的结构形式；屋盖的各部分宜具有规则的几何外形，方便对结构的内力分析、风洞试验、加工、制作与安装。

驱动机械方面：开合屋盖的运动轨迹以简单为宜，移动方式种类越少越好，多种运动形式的组合会大大增加传动机械部分的技术难度以及机械故障的发生率；驱动方式包括轮驱动系统、钢缆牵引系统、齿轮齿条牵引系统、液压千斤顶系统等（表5-2）；驱动方式应根据屋盖系统及荷载情况综合确定；驱动机械应简单，可动部分尽量少，易调整和管理，优先采用可靠技术。

开合屋盖的驱动方式分类比较表　　　　　　　　　　表 5-2

动力源	驱动方式	示意图	特点	实例
电机	轮驱动		技术最为成熟，造价最低；行走台车上有驱动电机、控制模块、刹车器等；需要考虑供电线路、控制线路如何连接到行走台车上，要考虑路线的防缠绕问题；在所有荷载作用下，保证轮轨之间有足够的摩擦力；普遍用于直线轨道	SkyDome、福冈穹顶、海洋馆、菲尼克斯体育场、休斯敦棒球场
	钢缆牵引		技术较为成熟，造价较低；需要布置卷筒、缆索导向装置；供电、控制部分较为简单，可以和电机、减速器、卷筒等集中布置于下部结构上；在轮轨摩擦力不足、轨道倾角大的情况下宜优先采用	大分县体育场、小松穹顶、有明网球场等
	齿轮齿条牵引		对开合屋盖的位置控制非常准确；在轮摩擦力不足的情况下可以代替轮驱动方式；齿轮齿条只提供切向力，竖向力仍然由轮子传递；运行时有一定的噪音；较适于直线轨道	荷兰阿姆斯特丹体育场
千斤顶	液压千斤顶驱动		可以提供很大的牵引力；控制技术和理论非常成熟；行程有限，对于大型千斤顶，要配套油路系统和泵房；只用于行程短的场合	小松穹顶局部、昆明世博会艺术广场

安全与管理：开合屋盖的机械部分是故障的多发点，建筑的整体安全也取决于此，一般来讲，越简单的开合运行方式，越成熟的驱动技术可靠性越好；开合屋盖应进行全天候监测和管理。

经济性：经济问题一直是开合屋盖体育场馆争论的焦点问题，在进行设计建设前应做好科学的策划工作，对建设开合屋盖的必要性、技术难度、造价、运行费用以及整个建筑的经济效益问题进行综合评价，寻求经济合理的解决方案。

2. 其他结构应变技术

在当代体育场馆的工程实践中，除了开合屋盖以外，为了配合场馆功能和空间更高效、广泛的应变，也出现了一些新兴的结构应变技术，如立面开启结构、移动楼座结构、楼板升降结构等，但与开合屋盖结构相比较，这些技术应用得相对较少，技术成熟性也有待进一步提高。例如，西班牙著名建筑师和结构工程师圣地亚哥·卡拉特拉瓦就对可动结构技术进行了大量研究和实践工作。它所设计的西班牙巴伦西亚科学城天文馆的一侧界面可以开启，恰似一只有可张合眼帘瞭望太空的眼睛（图 5-15）。他还设计了一些可动的桥梁、可动的屋顶、可动的结构雕塑和可动的墙体等，对体育场馆的结构应变技术具有一定的启发作用。日本札幌穹顶，为了将室内的足球场地移至室外以利于草皮的生长维护，采用了大面积的立面开启技术。类似的还有美国亚利桑那州金丝雀多功能体育场、德国盖尔森之星体育场（图 5-16）等。而前文提到的日本琦玉县体育馆则采用了移动楼座结构技术实现了内部空间的伸缩变化。

 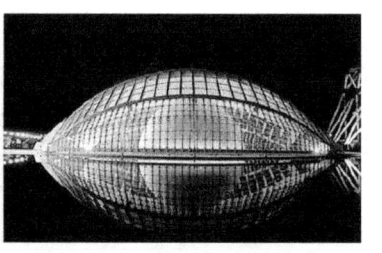

a）界面开启状态　　　　　　　　　　b）界面关闭状态

图 5-15　西班牙巴伦西亚科学城天文馆

（图片来源：Paolo Rosselli．Santiago Calatrava-The Poetics of Movement．Thames&Hudson，1999）

（二）设施设备的应变技术

空间内部设施、设备应变技术目前是体育场馆空间弹性应变的主流技术。与结构应变技术相比，它相对较为简单易行、代价较小而作用却十分显著。设施、设备应变技术的种类繁多、内容广泛，并且还在不断发展创新。对于体育场馆而言，其主要包括活动座席、活动场地、活动隔断三大方面和其他若干弹性应变技术。

图 5-16　盖尔森之星体育场及其界面开启结构

（图片来源：Chris Van Uffelen．2006 Stadiums．Page One，2005）

1. 活动座席

在现代体育场馆之中活动座席是应用最为广泛的空间弹性应变技术。一些中小型体育场馆甚至已经不设置固定座席而完全使用活动座席，在大型体育场馆中活动座席的比例也呈不断上升的趋势。与固定座席相比，活动座席具有可以改变场地形状与布局方式、调节座席规模与场地大小、改善视觉观赏质量和节约席下空间等诸多优点。它的应用极大地提高了比赛厅空间的灵活性，对于解决不同活动项目、不同规模之间的矛盾做出了巨大贡献。

活动座席已经是一项较为成熟、普遍的技术，其种类多种多样，按规模可以分为大型和小型，按动力可以分为手动和电动等。而在实际的设计工作中，活动原理和运动方式往往是建筑师更加注意的方面。从国际、国内现有的工程实例来看，按运动方式分，活动座席可以分为推拉折叠式、拆分组合式、整体移动式、升降式、综合式与其他几种类型。

（1）推拉折叠式

推拉折叠式是利用排与排之间的高差把较低的一排收到较高一排的下面，排排层叠，最后收成宽 1m 左右的一排，达到减少占地面积的目的。这种方式技术较成熟、造价低廉、收缩展开简单易行，是目前使用最多的一种形式。按照活动座席的推拉方向又分为壁纳式和倒转式两种（图 5-17）。壁纳式是指座席在展开过程中，由低排到高排依次向前拉开的方式；而倒转式则与之正好相反，是座席在展开的过程中由高排到低排依次向后拉开。前推拉较为常见，多用于一层场地内，收起后可以藏于上层看台挑檐下或墙壁上预留的凹陷部，既节省空间又不破坏场地完整性。而倒转式的主要优点是座席收起后可以起到分隔空间的作用。

（2）拆分组合式

拆分组合式是指活动座席可以从一个整体拆分成若干组成部分，化整为零，分单元进行移动和储存。与其他类型相比较，拆分组合式活动座席是完全可以自由移动的，具有较大的灵活性，可以根据不同的功能要求自由地进行组合变换，对于比赛厅的多功能布置，特别是集会、文艺演出等舞台布置比较自由的活动十分适用。另外，这种活动座席在一次使用过后可以拆开运走或放在库房中进行储存，节约了主体空间的面积（图5-18）。

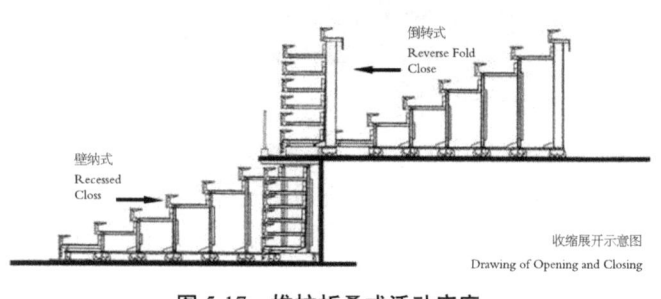 

图 5-17　推拉折叠式活动座席　　　　　　　　图 5-18　拆分组合式活动座席

（3）整体移动式

　　整体移动式多用于较大规模的活动座席，它是指看台楼座部分可以整体进行移动的座席活动方式。这种座席移动技术与前面提到的结构应变技术关联紧密，它主要应用于大型体育场或棒球场等，其结构安全性相对较好。整体移动式活动座席又可分为平行移动式和旋转移动式两种基本类型。平行移动式是指看台沿水平方向前后移动。它的主要作用是可以调节场地尺寸的大小，增减座席数量。巴黎法兰西体育场利用可前后移动15m 的整体移动式活动座席实现了足球场和田径场地的变换（图5-19）。旋转移动式是指活动座席可以沿圆形或弧形轨道作旋转移动的方式。它的主要作用是可以实现矩形与扇形场地的变换，并且可以改变场地的朝向和方位，在实际工程项目中多用于棒球场地与足球、田径、橄榄球场地的相互转换。例如，日本福冈穹顶体育馆（图5-20）、札幌穹顶等都应用了此种座席活动方式。

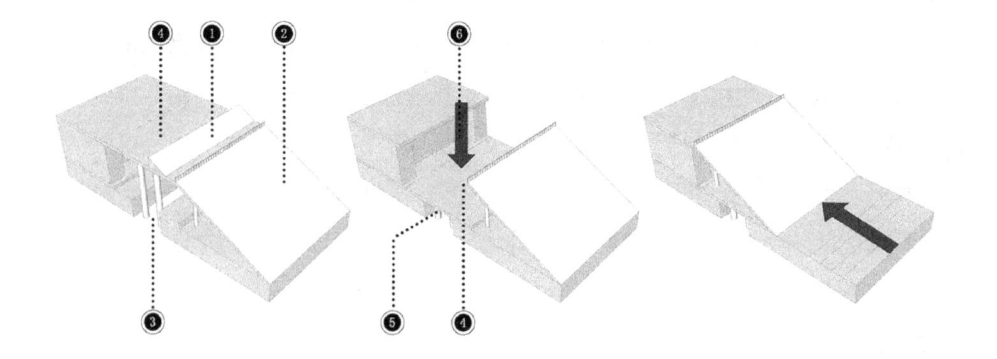

图 5-19　法兰西体育场的活动座席

（图片来源：君钧. 注重技术、讲究生态的体育建筑设计——当代体育建筑的启示. 中国建筑装饰装修，2003（3））

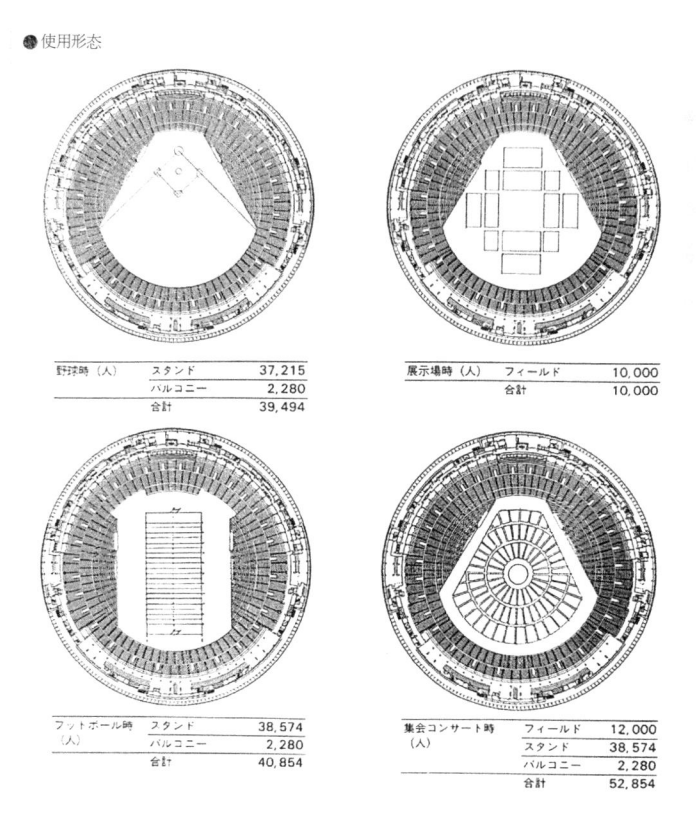

●使用形态

野球時(人)	スタンド	37,215
	バルコニー	2,280
	合計	39,494

| 展示場時(人) | フィールド | 10,000 |
| | 合計 | 10,000 |

フットボール時	スタンド	38,574
(人)	バルコニー	2,280
	合計	40,854

集会コンサート時	フィールド	12,000
(人)	スタンド	38,574
	バルコニー	2,280
	合計	52,854

图 5-20　福冈穹顶体育馆的活动座席与不同的场地布局方式

（图片来源：日经カーテワヲコカ．福冈ドーム．日经 BP 社，1993）

（4）升降式

升降式活动座席的运动方式是上下升降。每排利用剪刀结构、液压或其他方式支撑上升到预定的高度锁定，完成一次展开。收缩时座椅折叠，收缩后翻转到地面以下的储藏槽中，利用踏板的背面与地面平齐，达到座席与场地相互转换的目的。日本群马县前桥绿色体育馆就应用了升降式座席系统（图5-21），满足了文艺演出和体育比赛的不同要求。升降式活动座席目前在国内外实际应用较少，主要是因为技术复杂，造价较高的原因。另外，把座椅放在地面以下，容易被湿气侵蚀。虽然具有以上的一些缺点，但升降式座席还有巨大的发展潜力，特别是它能够实现每排座席高差的可调节，对满足不同项目的视线要求，具有一定的优越性。

（5）综合式与其他

除了以上列举的几种基本类型以外，还有一些较为新颖的活动座席设计方案，如翻转、悬吊等。这些方式应用较少，技术尚不完善，使用效果有待考查。但不可否认这些新形式、新技术的出现丰富了设计手段、开阔了思路，并且其中一些发展方向具有巨大潜力。

此外，在工程实践中，根据不同项目的具体要求将以上各种手段加以综合运用，能

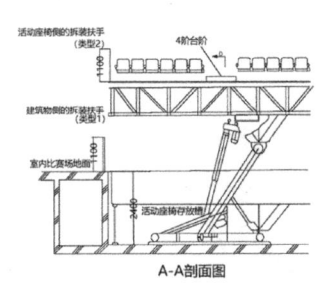
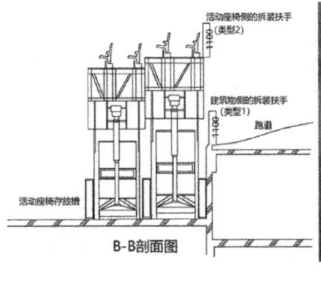

A-A剖面图　　　　　　　　　　B-B剖面图

图 5-21　日本前桥绿色体育馆的升降式活动座席

（图片来源：[日]服部纪和著，陶新中，牛清山译. 体育设施. 中国建筑工业出版社. 2004）

够更好地解决实际问题。例如，札幌穹顶的部分活动座席就应用了翻转、分段推拉折叠和整体旋转移动等多种活动方式，达到了设计师的设计目的（图 5-22）。"因地制宜、随机应变"是建筑设计的高级境界，设计者在充分了解活动座席技术的基本原理、基础知识的前提下，要善于灵活运用，不断创新。

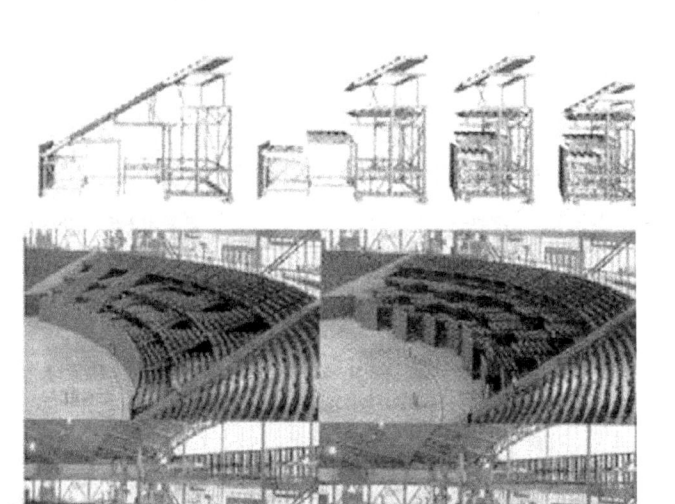

图 5-22　札幌穹顶的活动座席

（图片来源：[日]大桥富夫. Sapporo Dome. 彰国社，2001）

2. 活动场地

　　场地是体育场馆使用的核心空间，它对场馆的动态适应能力具有十分重要的作用。现代体育场馆大都兼具多种功能，为此需要场地根据不同的项目要求进行调整。活动场地技术就是由此产生并得到了快速发展。体育场馆的场地有大、中、小型之分，不同的类型具有不同的主要矛盾，相应地发展出了不同的核心技术。如对于体育场、足球场等而言，草皮的养护与移动、转换是技术的重点；对于一般球类馆而言多种比赛场地之间的转换至关重要；而对于游泳、冰球这样较为独特的场地，也出现了一些专门的应变技术措施。以下挑选主要的技术措施分别介绍。

（1）体育场草皮移动技术

草皮是大型场地经常要使用的设施，它有天然草皮和人工草皮两种。天然草皮对于举办高标准足球比赛必不可少，而人工草皮多用于低级别比赛、训练和群众健身。目前，国际上对于天然草皮一般采用整体移动技术，将草皮从比赛厅室内移到室外，以便于其日常养护和比赛厅场地的多种使用，而人工草皮多采用收卷技术。

整体移动技术成本较高，技术复杂性强，在国际上出现的时间不长，应用不多。截至目前，全世界已建成的应用草皮整体移动技术的体育场只有日本的札幌穹顶、德国的盖尔森之星体育场和美国亚利桑那州金丝雀多功能体育场等几座。其利用气垫技术和机械行走台车技术相结合来实现场地的整体移动，移动一次需要消耗大量的能源。例如，日本札幌穹顶场地每转换一次需历时30分钟，花费5000美元。在场地移动时，首先是应用气垫技术把场地吹起升高7cm以减轻场地与地面的摩擦力，然后用行走机械台车作为动力和导向器进行场地的整体移动。在没有足球比赛时，天然草皮在室外生长，同时可以进行训练和非正式比赛使用，室内则进行棒球比赛；有足球赛时，将棒球地面卷起，再将天然草皮平移到室内，并旋转90°，将棒球场地转换为足球场地（图5-23）。

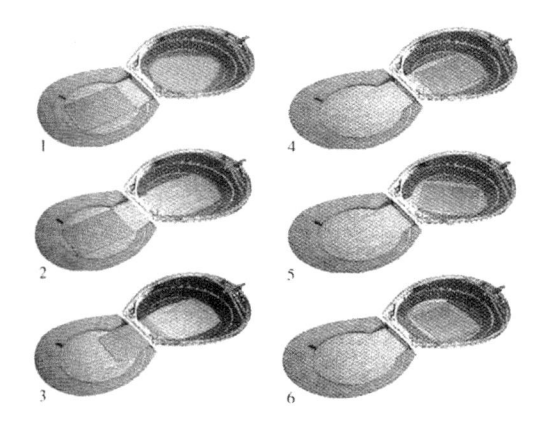

图5-23 札幌穹顶的场地移动过程

（图片来源：[日]大桥富夫.Sapporo Dome.彰国社，2001）

收卷技术相对较为简便，并且可以采用整体收卷或分单元收卷、人工收卷或机械收卷等多种方式。例如，日本大阪穹顶为加快场地的转换速度，应用了可整体收卷

65m×117m 场地的大型人工草皮收卷装置。收卷时借助于埋设在草皮贮沟中的芯棒将草皮卷起、储藏。为减少收卷时的摩擦，收卷时场地下面的送风口开启送入空气，使人工草皮从地面浮起后再进行卷取。当铺设人工草皮时，先用埋设在本垒侧的卷扬机将钢索拉直，然后再利用同一台卷扬机，把场地从贮沟内拉出铺设（图 5-24）。

（2）一般球类馆活动地板技术

对于一般球类馆而言，场地的变换更加频繁。篮球比赛使用木地板，排球、羽毛球、网球等则多采用 PVC 地面，而冰球比赛则需要专门的冰场。为实现它们之间的转换，应运而生了活动木地板、PVC 活动卷材地面、拼装式多功能移动地板和活动冰场等一系列活动场地技术。

例如，在国际上广泛使用的单体可动式木地板，每个单元的尺寸约 0.9m×0.9m，地板和地板之间采用企口连接，光洁平整。每块地板都可以移动，在不用时可以收起储藏在库房内（图 5-25）。PVC 活动卷材地面使用起来则更加方便，如意大利的蒙特塔 PVC 弹性运动地面具有分体拆装型和整体拆装型两种，可以很方便地铺设或卷起运走。

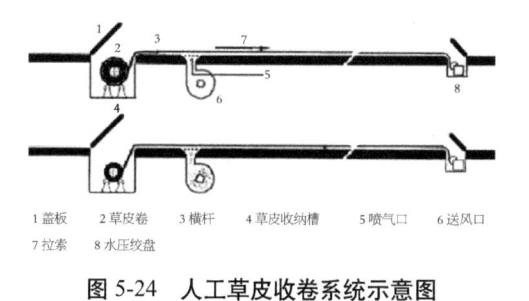

1 盖板　2 草皮卷　3 横杆　4 草皮收纳槽　5 喷气口　6 送风口
7 拉索　8 水压绞盘

图 5-24　人工草皮收卷系统示意图

（图片来源：刘碧波 . 体育场馆多功能化设计研究 . 重庆大学硕士论文，2005）

图 5-25　正在拼装中的活动木地板

另外，为了在场馆举办展览、舞会、文艺演出等多种活动时，保护高标准、高造价的专业体育场地，移动式卷装地面覆盖板（Portafloor 系统）应运而生。它可以在短时间内覆盖天然草皮、冰面以及各种人造材料地板。其自身具有一定的强度，对原有场地具有良好的保护作用。这种技术"在任何时候、在任何环境下、在大部分可能的地面上，可以快速高效地将室外或室内设施转换成能够举办各种活动的舞台"（图 5-26）。

（3）泳池应变技术

泳池是一类特殊的场地设施，其灵活应变存在三个方面的主要矛盾：一是不同水上项目之间的矛盾；二是正式比赛与日常群众戏水健身的矛盾；三是泳池与其他陆上项目场地之间相互转换的矛盾。归结起来，可以归纳为泳池自身深度和大小的调节以及泳池

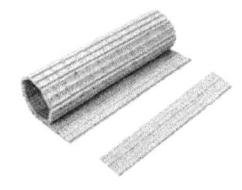

图 5-26　移动式卷装地面覆盖板及其铺装效果

与其他场地的转换两方面问题。以此为目标，经多年的探索发展出了活动池岸、活动池底、沉箱和临时泳池等一系列应变技术，用以解决上述问题。

活动池岸（图 5-27）是调节泳池大小的一种技术措施。活动池岸宽度为 1m，装有活动池岸的比赛池尺寸为 25m×51m。当活动池岸靠在岸边一侧时，形成 25m×50m 的标准泳池。当活动池岸移动到泳池中间时，把 50m 比赛池一分为二，形成了两个 25m 的短池，可以举行短池赛或训练使用。早在 20 世纪 80 年代活动池岸在国外就已有所应用，在国内的游泳馆中也不乏运用这项技术的实例。例如，上海静安游泳馆就使用了活动池岸技术。该馆利用活动池岸转换长池和短池，成功举办了多次世界杯短池游泳锦标赛和全国短池赛以及八运会水球比赛。

图 5-27　活动池岸照片及其示意图

（图片来源：刘欣 . 游泳馆赛后使用问题研究 . 哈尔滨工业大学硕士论文，2003）

活动池底与沉箱技术都是调节泳池深度的技术。活动池底是通过液压、支撑、铰链、悬浮等方法使池底可以局部或整体移动，以调节泳池深度，满足不同使用要求的技术措施。当活动池底上升至与泳池周围地面水平时，可以在上面铺设活动地板，举办球类比赛、展览、集会、文艺演出等多种活动，实现游泳馆与综合体育馆的相互转换，从而极大地提高了场地的灵活性。活动池底可以分为整体活动池底和局部活动池底两种类型。目前已经发展出了整体平板式活动池底、支柱或撑杆式活动池底、塑料贴面活动池底、浮板式活动池底和聚酯活动池底等多种具体技术措施。在国内，上海浦东游泳馆较早地应用了活动池底技术。该馆的活动池底为 16m×25m 的浮板式局部活动池底，每升降一次只需 2 分钟，水深可以在 2m 以内自由调节，大大方便了群众平时使用。在国外，活动池底技术应用得较多，如蒙特利尔奥运会游泳馆、悉尼国际水上运动中心、日本东京辰巳国际游泳馆等都设置了活动池底来解决比赛与平时使用的矛盾（图 5-28、图 5-29）。

图 5-28　泳池局部浮板

（图片来源：梅季魁，现代体育馆设计.黑龙江省科学技术出版社，2002）

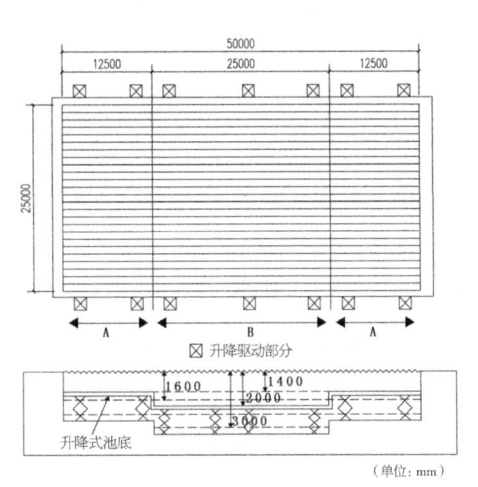

（单位：mm）

图 5-29　东京晨巳游泳馆整体活动池底

（图片来源：[日] 服部纪和著，陶新中，牛清山译.体育设施.中国建筑工业出版社，2004）

沉箱是目前国内较为普遍采用的方法，它是把由 PVC 工程塑料制成的箱体安装在泳池底部，以减小泳池的深度和容积。沉箱有技术简单、成本低廉的优点，但其灵活性不强，每调整一次必须排净池水也造成了浪费。

2001 年在日本福冈举办的第九届世界游泳锦标赛上应用了一种全新的泳池技术，它是运用 FRP（玻璃纤维加强塑料）搭建的特制的装配式泳池（图 5-30），这种泳池设施在赛后可以拆除，移至别处多次重复使用。该设计避免了大型游泳馆面临的严峻的赛后维护问题，极大地提高了泳池和场馆的灵活性，为大型游泳馆的建设带来了全新的设计理念。例如，此次锦标赛的主会场设在福冈会展中心。15000 座的观众席和 50m×25m 的国际标准比赛池及其附属设备都是大会举办两周前在展览馆中临时搭建而成的。特别制作的临时比赛池成本约为 1.5 亿日元。赛后游泳池可在一周内拆除完毕，迅速恢复福冈会展中心原来的功能。同样，其水球比赛在福冈博多之森体育场中进行。

借用体育场中原有的看台，在场地中搭建了 35m×22m、2m 深的临时水球比赛池。与新建一座大型游泳馆，赛后还需花费高额的维护费用相比，装配式临时泳池技术节约了大量成本。当前，装配式临时泳池技术已经比较成熟，在世界各大游泳比赛中经常得以应用，成为泳池应变的重要技术措施之一。

a）搭建中的临时泳池　　　　　　　　　　　　　b）搭建完成的临时泳池

图 5-30　临时泳池

（图片来源：[日]服部纪和著，陶新中，牛清山译. 体育设施. 中国建筑工业出版社，2004）

（4）冰场应变技术

对于冰上运动场馆而言，由于场地的特殊性，在进行功能应变时，场地需要特殊的技术解决"冰篮转换"或冰场与其他场地的转换问题。"冰被"技术能够解决冰场快速、低成本转换的问题，在我国近年来新建的北京凯迪拉克中心、第十四届全运会陕西奥体中心体育馆、首钢冰球馆、济南冰球馆等大型综合性体育馆中得以应用。"冰被"有多种产品，主要是通过具有保温隔热和冰场保护作用的铺盖材料覆盖冰场，再在其上铺设活动场地，实现在保留既有冰场的情况下场地性质的转换。既节省了场地转换"融冰"所需要的大量时间，又节约了制冰、融冰的高成本。

此外，与"冰篮转换"技术不同，对于综合性体育馆而言，由普通球类场地向临时性冰上运动场馆转换是场地转换的另一种模式。随着移动冰场技术的发明，冰场的移动成为可能。它由可拆装的临时冰场和移动式制冷设备（IceBox）共同组成，可以简便快捷地铺设于体育场馆的各种地面上，甚至可以铺设于室外广场，迅速地制造出高质量的冰场，使场地的灵活性进一步增加（图 5-31）。例如，日本东京代代木游泳馆，利用移动冰场技术，将游泳馆转换为花样滑冰馆举办冰上项目赛事；我国 2022 年北京冬奥会，利用移动冰场技术将"水立方"转换为"冰立方"进行冰壶比赛（图 5-32、图 5-33）。

3. 活动隔断

活动隔断也是体育场馆中经常出现的空间应变技术之一，它是实现前文提出的空间

图 5-31　移动冰场系统

图 5-32　东京代代木游泳馆场地转换为冰场

图 5-33　水立方转变为冰立方

（图片来源：http://dy.163.com/article/FLMQS10M0519DFFO.html）

分隔和空间复合等空间灵活应变措施的有效实施手段。根据活动隔断不同的性质和作用，可以分为柔性隔断和刚性隔断两种。

"柔性隔断"（图 5-34），顾名思义，其用于分隔空间的材料是柔性的，通常以人造织物为主。柔性隔断的优点是可以进行卷曲折叠、重量轻、幅面大、收放便捷、灵活性强、占用空间少、价格便宜等。但其相应的缺点就是隔热、隔声等效果差，材质强度低、空间隔绝性差。因此，柔性割断多用于比赛馆、训练馆之中，分隔同种类型、隔绝性要求不高、相互之间影响不大的活动空间，如将大场地分割成若干小场地用于不同项目的训练等。另外，根据不同的使用要求，可以采用双层或者多层的方式，其隔绝效果会大大增强。柔性隔断在国内外都有大量应用，已经是一种较为成熟、普遍的空间分隔技术。

"刚性隔断"其分隔材料具有一定刚度，对空间具有较强的隔绝效果，但它的成本相对较高，开启技术相对复杂、灵活性相对较差。在国内，刚性隔断应用较少，而在国外应用较多，发展较快。如著名建筑师卡拉特拉瓦就对可开启刚性隔墙很感兴趣，并设计了多种刚性隔墙的开启技术。罗杰斯为日本大宫市体育馆所作的方案，在比赛厅内设计了具有可变化反射声板的刚性隔断，使得这个体育馆既可进行体育活动，又可作为进行不同规模商业活动和音乐会的场所。

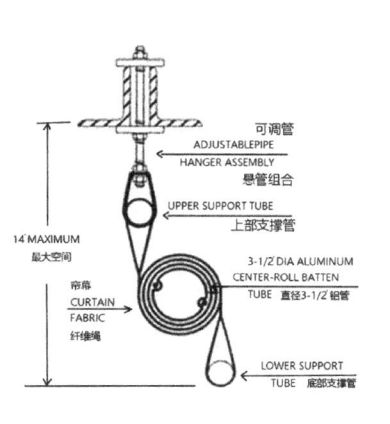

图 5-34　柔性隔断

4.其他

（1）活动顶棚

由日建设计的大阪穹顶为了适应多种项目使用的要求，比赛厅顶棚采用了活动顶棚系统——巨环（图 5-35）。它是由悬挂在屋顶上的 7 片 9m 宽的环状构件组成，其中内侧的 6 片可以由卷扬机控制升降，用以调节顶棚的高度、采光和声学特性等。环状顶棚处于高位时，自然光可从上方的天窗进入比赛厅，适合日常训练和多功能使用。环状顶棚处于低位时，馆内处于完全遮光状态，比赛厅的空间容积变小，从而缩短了混响时间，适于举办音乐会、文艺演出等活动。另外，活动顶棚还可以用于悬吊活动隔断，极大地提高了空间的灵活性。

图 5-35　大阪穹顶的可动顶棚

（图片来源：ドーム建筑のよべて．日经 BP 社，1997）

（2）活动舞台

舞台是文艺演出、报告会、群众集会等活动必不可少的设施，其机动性能是满足空间灵活应变的必要条件。活动舞台多为拼装式，由多块活动支架和台板拼装而成，此外还有折叠式、翻转式和升降式。活动舞台在国外应用较广，在国内也早已为人们所熟悉，并且已经实现了工业化生产，是一项实用而成熟的技术措施（图5-36）。

（3）活动的灯光、音响设备

为了满足比赛厅空间的灵活应变，现代体育场馆的灯光、音响等设备，也应该根据不同项目的要求可以灵活调整。较为普遍的做法是在屋顶设置可动式设备器材吊挂系统。这种设施不但可以上下升降，根据要求更换灯

图 5-36　活动舞台

具、音箱等设备，高级的还可以根据场地中舞台的不同位置做水平移动，从而为多种活动创造良好的声、光、电条件。例如，日本横滨室内比赛场在顶棚设置了600个可负荷 $1 \sim 9t/$ 点的吊点，可根据不同的使用情况随时布置不同的灯光音响设备。

除了上述这些应变技术以外，目前还有像活动计时记分牌、活动卫生间等多种多样的内部空间应变设施设备正在不断地被发明和应用，可以说室内设施设备的应变技术正在朝着多样化的方向迅速发展。

（三）表皮应变技术

建筑表皮是建筑空间界面的物质载体。一方面，它将室内空间与室外环境分隔开来，控制着室内外空间的物质和能量交换，具有重要的物质功能；另一方面，表皮作为建筑形象的构成要素，影响建筑意向的表达，具有一定的精神功能。

1. 表皮功能应变技术

就物质功能而言，表皮是建筑应对外界自然环境的物化手段。它不仅是室内外空间的分隔界面，同时还是建筑热功性能、舒适性、空气洁净度以及视觉舒适性的重要影响因素，具有视线联系、自然采光、通风换气、保温隔热、遮阳、控制表面温度、防止眩光等一系列作用。理想的表皮应该在对有利环境要素的"用"和对不利环境要素的"防"之间做出适时的应变，只有具有应变能力的建筑表皮才能既"兴利"又"避害"，实现对外界自然环境的高效利用。正如由德国著名建筑师托马斯·赫尔佐格主持制定的《建筑和城市中应用太阳能的欧洲宪章》中所明确要求的："建筑的外墙对光、热和空气的穿透以及墙体本身的通透程度必须是可调控的，能够根据当地气候条件的变化做出相应的调整。"由此可见，如同人的皮肤一样，建筑表皮应对室内外变化做出灵敏的反应，而表皮的应变技术就是实现这种"灵敏反应"的保障，它不仅是空间应变技术的一个方面，具有提高空间应变能力的作用，同时也是建筑生态节能技术的有机组成部分。

2. 表皮形象应变技术

现代建筑创作越来越重视表皮的非物质功能，通过表皮来表现审美意向、传递信息已经成为建筑创作的重要手段。例如，北京 2008 年奥运会游泳跳水馆——水立方（图 5-37），其建筑造型只是一个简单的矩形，而其丰富的建筑意向通过表皮的肌理和材质予以表达，创造了崭新的、令人叹为观止的建筑形象。"表里如一"是现代建筑遵循的基本美学原则，表皮所传达的信息、表现效果应该与建筑的功能、空间的性质相一致。随着现代建筑功能的动态化、多元化和综合化，建筑形象也呈现出弹性化、多意化的发展趋势。应对于建筑不同的使用功能，建筑形象所传达的意向信息也应可以随之而变。特别是对于体育场馆而言，作为现代城市多功能大厅，它是信息化、高科技所打造的人群聚集的殿堂和信息传播的中心，它所传达的信息量比一般建筑大得多得多，因此其表皮更加需要具有应变能力，以适应不同的需求，传递更多的信息。

图 5-37　北京奥林匹克游泳馆"水立方"表皮的不同效果

（图片来源：https://image.baidu.com）

德国慕尼黑安联足球场，作为德国国家队、拜仁慕尼黑和慕尼黑 1860 队的共用场馆，利用半透明的 PTFE 材料和 LED 发光设备，创造了可以通过颜色和图案的变换而实现对内部空间不同功能、使用情况作出动态表征的表皮系统。它可以根据举办的不同比赛、不同的主场队伍、不同的现场气氛等随时进行变化，表达不同的意向，烘托出更加强烈的气氛。

二、生态节能技术

生态节能技术是实现建筑空间生态高效运行的基础手段。在能源危机，可持续发展问题越来越受到重视的情况下，生态节能技术已经成为体育场馆动态适应性设计必不可少的技术组成部分之一。它是建筑直接应对自然环境变化，实现人工环境与自然环境相协调的应变措施，同时由于其降低了建筑运营成本、减少了维护费用，也间接地起到了提高建筑功能适应性的作用。当前，生态节能技术是建筑领域研究的热点，技术发展速度快、技术措施种类多。但是，由于有些技术成熟度还有待提高，特别是有些技术的应用往往要大量增加建筑造价，性价比不高，所以在实际的技术应用中要认真评估、区别对待。本节由于篇幅所限，不过多展开论述，只就在体育建筑领域较为典型、具有一定代表性的技术作简要介绍，做抛砖引玉之用。

（一）新能源利用技术

开发利用清洁的新型能源和可再生能源，改善能源结构是应对能源危机的重要手段。新型能源包括太阳能、地热能、风能、生物能等多种类型。

1. 太阳能

与其他能源形式相比，太阳能是一种取之不尽、用之不竭的清洁能源。建筑对于太阳能的利用有直接利用和间接利用两种方式。直接利用是直接利用太阳光线的光热效应进行采光和采暖；间接利用是应用特殊的技术设备将太阳能转换成电能、热能等其他能源形式加以储存和利用。目前较为成熟的太阳能技术设备有太阳能反射装置、太阳能光电板和太阳能集热器等几种。

日本神奈川县茅崎市太阳之乡体育馆（图 5-38）是综合利用太阳能的典型案例。体育馆设计了综合性太阳能系统，它由与屋面结合为一体的低温集热性主动式太阳能系统和分别对室内光能与热能进行分配、控制的被动式太阳能系统（配有透光性隔热窗扇与铝合金反光膜窗帘）共同组成。收集到的太阳能通过两眼井的井水蓄热，并利用水墙和水地板（可使热水在墙内或地板内循环的技术）进行辐射供暖，实现了年节能 72% 的节能效果。

悉尼奥运会在体育场馆及奥运村的 665 栋别墅屋顶上安装了太阳能热水器和太阳能光伏发电系统。体育场馆及奥运村的洗浴热水都是由太阳能热水器提供。超级穹顶体育馆屋顶上的 70kW 太阳能发电设备是澳大利亚最大的屋顶发电系统。同时奥运村所有照明电力也都来自太阳能。其太阳能年发电量超过百万千瓦，由此可减少每年 7000t 的二氧化碳排放量。

2. 地热能

地热利用根据能量的来源不同可分为四种：直接利用地下深层热水、土壤源热泵、地表水热泵和地下水热泵，其中后三种技术统称为地源热泵。地源热泵技术可在消耗 1kW 电能的情况下得到 3 ~ 6kW 的热量或冷量，比直接利用电采暖的能源转换效率高得多。SOM 设计的葡萄牙里斯本大西洋馆，采用了设于 Tagus 河中的盘管进行热交换，代替了传统的冷凝器为场馆补充冷量，达到了节约制冷能耗 50% 的实际效果。东北大学体育中心体育馆和游泳馆，采用了以地下水为热源的水源热泵系统，代替传统的空调和采暖系统。从建成后的实际使用效果来看，起到了节约能源、降低运营成本的效果。

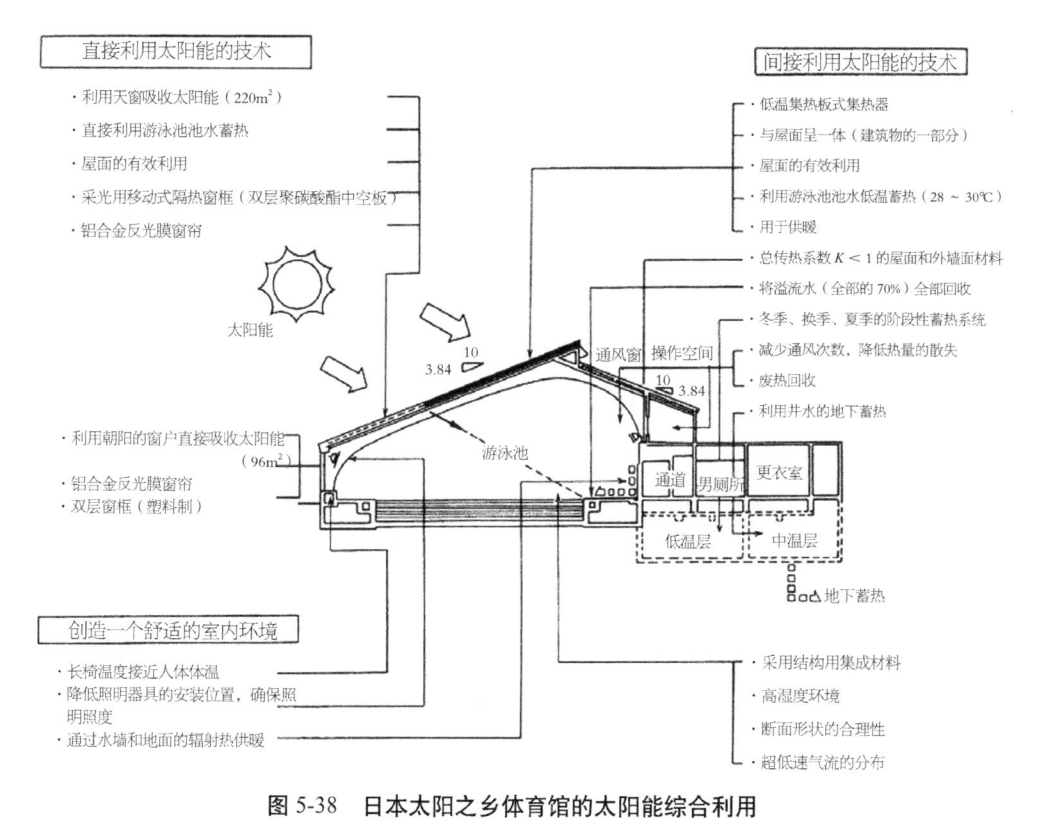

图 5-38　日本太阳之乡体育馆的太阳能综合利用

（图片来源：[日] 服部纪和著，陶新中，牛清山译. 体育设施. 中国建筑工业出版社. 2004）

　　地道风技术也是利用地热能的有效途径。它是将室外的新风通过埋设于地下的地道之后再引入室内，利用大地冬暖夏凉的蓄热恒温作用，使夏季的热风得以冷却，冬季干冷的凉风得以加热，从而有利于室内温度的调节并节约能源。

　　新能源和可再生能源的利用是目前在国际体育场馆建设中应用较为广泛的一项生态技术，拥有广阔的发展前景。我国人均能源资源占有量很低，是一个资源贫乏的大国，因此新能源和可再生能源的开发利用十分重要。体育场馆建设要根据各地不同的实际情况，积极地开发新的能源利用和节能技术。

（二）环境控制技术

　　控制光线、温度、湿度等空间物理环境，创造舒适的人工室内空间环境，是保障场馆使用功能的关键，同时也是能源消耗的主要方面。空间环境控制除了与前文已探讨的空间的形状、规模、朝向等设计因素有关之外，也与环境控制技术的应用密切相关。前述的开合屋盖结构技术、界面应变技术也都可起到一定的环境控制作用，是空间应变技术和生态节能技术的交叉技术。除此之外，还有一些专门的生态节能技术用于生态高效的控制室内空间环境。

1. 室内环境控制技术

对室内环境温度、湿度和气流的控制是影响室内环境舒适性的主要方面。体育场馆由于其室内空间体量巨大，科学合理的室内环境控制技术无疑能节约大量能源，反之其能耗也是惊人的。

选择合理的送风形式，制定科学的室内环境调控计划能够有效地节约能源。日本大馆树海体育馆根据比赛厅内不同区域的要求，通过对室内温度分布和气流方向的试验研究，设计了巧妙的局域空调采暖和制冷系统。空调的送风口布置于看台的座席下，使观众能够最近、最直接地感受到空调的作用，而不必对整个空间都进行调控（图 5-39）。

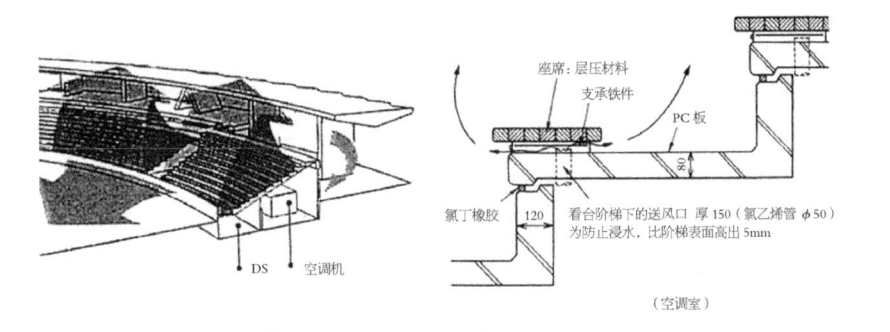

图 5-39　日本大馆树海体育馆的局部空调设计

（图片来源：[日]服部纪和著，陶新中，牛清山译. 体育设施. 中国建筑工业出版社，2004）

通过对气流的控制，使大空间室内气流得以合理的循环流动，也是一种节能的室内环境控制方法。这种方法通过提高室内温度的设定值，然后通过空气的流动给人们带来凉爽感，从而减少空调的制冷负荷，节约能源。巴塞罗那体育馆、福冈穹顶体育馆、名古屋体育馆等在比赛厅内都设置了按圆周方向安装的气流循环装置，对室内气流加以控制和利用（图 5-40）。

2. 节能墙体技术

墙体除了传统的保温隔热等节能技术外，当代生态复合型墙体技术更是在建筑界面的生态性能方面做出了许多有益的探索，并取得了良好的效果。以下精选部分主要技术加以简述。

（1）墙体自身构造

墙体自身的构造形式是决定其性能的主要因素，新型的墙体构造技术大大地提升了建筑外界面的节能性能。呼吸幕墙也叫特隆布墙体（Trombe Wall），是一种通过玻璃和墙体的构造组合实现节能的生态建筑技术，它可以实现对室内蓄热和通风的双向控制

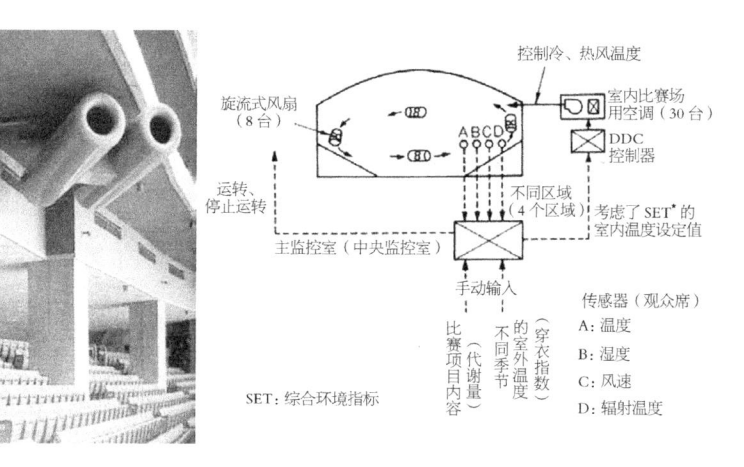

图 5-40　旋流风扇与温控系统示意图

（图片来源：日经カーテワヲコカ．福冈ドーム．日经 BP 社，1993）

（图 5-41）。其具体的构造是将表面涂有深色蓄热材料的墙体置于南向的玻璃幕墙之后，太阳辐射透过玻璃在复合墙体的夹层中形成温室效应，进而利用对流和辐射加热室内空气；晚间将墙体上下的通风口关闭，阻止空气对流，形成封闭的保温空气腔，可有效地达到保温隔热的目的。夏季温度高时，复合墙体在接受日照后，夹层中的空气温度升高，此时开启内侧墙体下部通风口和外侧幕墙上部通风口，通过热压作用形成的"烟囱效应"可将室内的热量带走，促进室内通风，从而达到降温的目的。当下的多腔复合墙体、热通道玻璃幕墙等许多生态墙体技术，都是运用相同原理，具有类似的构造。理查德·罗杰斯设计的劳埃德大厦、德国 RWE 总部大楼等都采用了类似的技术，可以排出室内大约 50% 的热量。

（2）外墙辅助设施

通过在墙体外侧或内侧设置控光或控热辅助设施，构成多层表皮，可以有效地调节建筑界面的性能，实现生态节能的目的，这是目前应用较为广泛的建筑节能技术之一。例如，由瑞士著名建筑师赫尔佐格和德梅隆设计的 SUVA 办公楼，其墙体外侧由日光调节系统、手控通风系统和太阳能集热系统三部分组成。它们分别起到控制室内进光量、通风和利用太阳能的作用。通过这些外墙设施的设置，使建筑界面具有根据外界环境进行调解和能量"自生产"的能力，实现了对自然环境"用"与"防"的辩证统一。体育建筑领域中，出于对自然采光的利用和防止直射眩光等目的，外墙遮阳等附属设施也有较多应用。如巴塞罗那奥运会游泳馆（图 5-42），其整个南向墙面设置了大面积的可调节遮阳装置，在保证室内通透明亮的同时有效地避免了阳光的直射。

（3）新型材料

建筑材料的性能也影响着建筑界面的性能。如前文所述，对于直接采光方式而言，

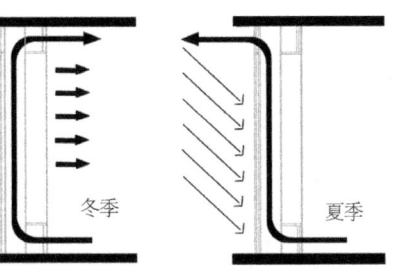

冬季　　　　夏季

图 5-41　呼吸幕墙示意图

（图片来源：Richard L. Crowther. SUN/EARTH. New
York：Van Nostrand,1983）

图 5-42　巴塞罗那奥林匹克游泳馆

（图片来源：New Architecture 3-Sport Facilities）

透光材料的光学性能至关重要。透光率较低会使室内照度不足，影响采光效果；而透光率过高会使室内过热，增加空调制冷负荷。玻璃材料技术的发展，可以使这一矛盾得以缓解甚至是解决。光敏玻璃、热敏玻璃、电敏玻璃等新型材料可以根据不同的光照强度、温度或电流的强弱等改变材料的光学性能，在不同的天气情况和不同的室外照度条件下，这些新型材料可以随着环境的改变而应变，从而达到最佳的节能效果。此外，近年来著名的太阳能电池制造商日本 Kyocera 公司还开发出一种更为先进的太阳能光电玻璃。其特性在于能够在满足阳光透射率的同时将剩余的太阳辐射转化为电能，并能根据具体需求做出光—电转换的比例调整。英国理查德·罗杰斯事务所研制的"多价墙体"（图 5-43），能根据不同需要起遮阳和隔热的作用。虽然目前这些技术大多还处于研发阶段，普遍由于价格较高而受到限制，但是我们有理由相信，随着这些材料技术的发展并逐渐走向成熟，它们将对建筑的性能产生巨大的推动作用。

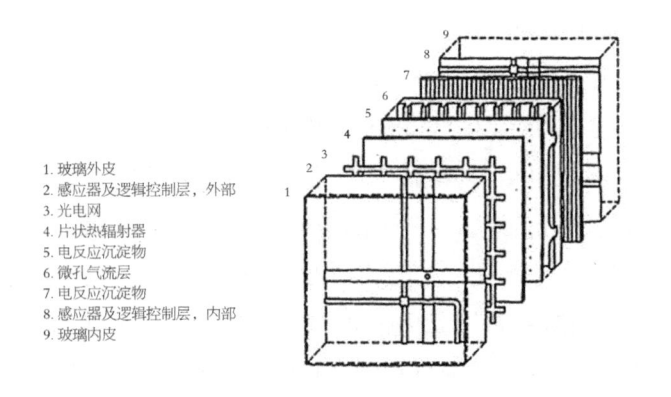

1. 玻璃外皮
2. 感应器及逻辑控制层，外部
3. 光电网
4. 片状热辐射器
5. 电反应沉淀物
6. 微孔气流层
7. 电反应沉淀物
8. 感应器及逻辑控制层，内部
9. 玻璃内皮

图 5-43　多价墙体示意图

（图片来源：Klaus Daniels . The Technology of Ecological Building . Berlin. Birkhauser，1997）

（三）资源节约和循环利用技术

21世纪又被称为"零排放"的新世纪。其基本精神是高效地利用资源和能源，减少废弃物的排放，以改变工业社会"大量生产、大量消费、大量废弃"的价值观，建立一个以"最佳生产、最佳消费、最少废弃"为特征的"循环型经济社会"。换言之，就是以最小的投入谋求最大的产出，构筑产业间的网络，将某种产业的废弃物或副产品作为另一种产业的原材料，这是"后工业社会"的发展方向。资源节约和循环利用技术可以尽量减少建筑运行过程中的废物排放，变废为宝，实现资源利用的最大化和有害物质排放的最小化甚至是零排放。

1. 节水技术

一个可容纳众多观众的大型体育场馆的用水量是惊人的，特别是厕所的用水量很大。同时，一座体育场馆，遇有大雨时雨水的排放量也会很大，尽量控制水资源的流失，对其加以合理利用，能够大量节约水资源。节约水资源的技术系统包含三个方面，即节水技术、雨水收集利用系统和中水处理技术。日本学者通过研究得出，应用综合节水技术一座大型体育场馆可达到的良好的节水效果（图5-44）。

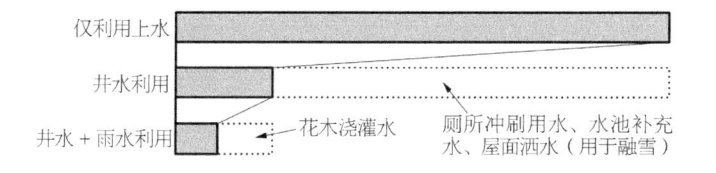

图5-44　体育场馆应用综合节水技术年节水效果示意图

（图片来源：[日]服部纪和著，陶新中，牛清山译.体育设施.中国建筑工业出版社，2004）

节水技术较为成熟的是复式分质供水系统，即按不同的用途供给不同水质的淡水，一般可采用饮用水和非饮用水两种标准。非饮用水可包括厕所用水、浇灌用水、消防用水等，这种做法虽然增加了建筑中的管道长度，但节约了能源和净水资源，可以收获更大的综合效益。

对雨水的收集利用是将滴落在场馆大面积屋顶上的雨水和场地中多余的雨水经过有组织的管道收集到地下贮水箱中，经过沉淀、过滤等净化处理用于厕所冲洗、绿化浇灌等。

另外，建筑中产生的废水和生活污水是造成环境污染的重要因素。利用净水设备和再生水设备将建筑中的污水深度处理后形成中水，作为低质杂用水进行循环再利用，使污水尽量在原使用场所范围内消化，达到少排或不排污水，从而减轻排水设施的负担和水域污染，这种闭合型污水循环利用系统就是中水处理技术系统。中水处理技术

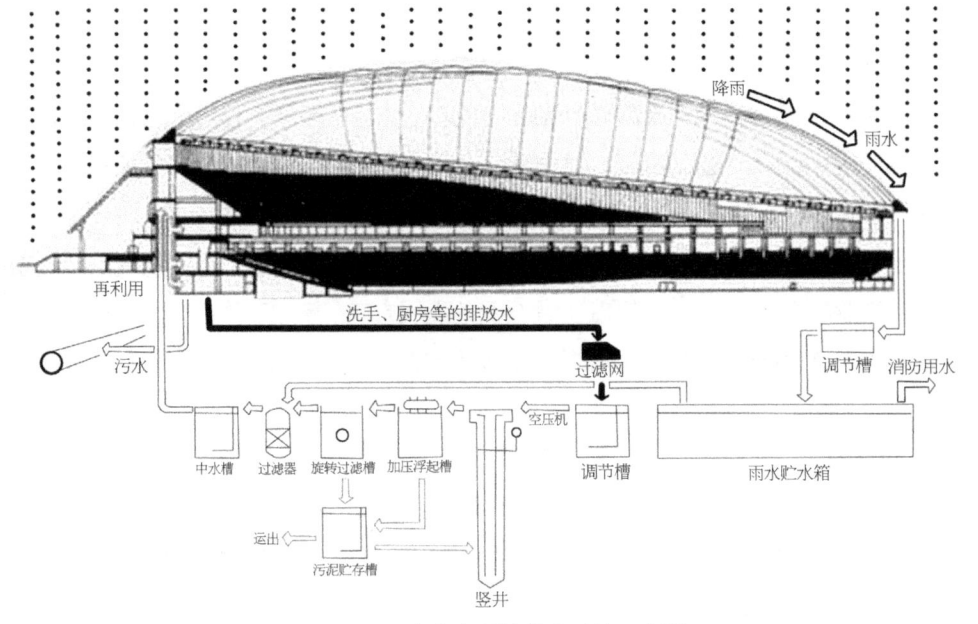

图 5-45　东京穹顶的节水系统示意图

（图片来源：[日] 服部纪和著，陶新中，牛清山译．体育设施．中国建筑工业出版社，2004）

既可以节约大量的水资源，又可以减轻对环境的污染，同时还可收获经济效益，可谓一举多得。

日本东京穹顶为了节约水资源设计了一套综合节水系统（图 5-45），它对雨水、生活污水具有综合处理能力，使用后取得了良好的节水效果。2012 年伦敦奥运会是一届成功的绿色奥运会，在其场馆建设中应用了"最大限度地使用再循环水"的复合供水系统、雨水收集和再利用系统。

2. 可再生材料与废物利用技术

废物回收利用是生态节能技术不可缺少的环节，是促使建筑达到无废无污的关键。其作用相当于生态系统中的分解者，是使系统达到良性循环的重要组成部分。理想的状态下，任何一个循环过程产生的废物都将成为下一个循环过程的资源。在建筑中，废物主要包括固体废弃物、废水、废气、废热等。要设置多层次、低污染、可循环利用的综合垃圾处理体系，首先要对垃圾进行分类，对不同的垃圾采取对应性的不同处理方法。同时，在材料的选择和使用时，应尽量选择便于回收利用的可再生材料替代一次性消耗材料。例如，横滨国际综合体育场看台下的体育医学科学中心及体育广场，采用了利用废物发电的热泵方式。日本王禅寺温水游泳馆利用垃圾处理厂的余热作为热源，使能源得以综合利用（图 5-46）。2020 年东京奥运会东京新国立竞技场以"绿色森林体育场"为设计理念，采用了来自日本47 个都道府县的天然杉木和落叶松作为建筑外墙结构和屋顶材料。木材的运用既体现了对日本传统文化的尊重，更是通过可再生材料达成绿色建筑设计目标的技术策略（图 5-47）。

图 5-46　2020 利用垃圾处理余热的日本王禅寺温水游泳馆

（图片来源：[日] 服部纪和著，陶新中，牛清山译．体育设施．中国建筑工业出版社，2004）

图 5-47　2020 东京奥运会新国立竞技场

（图片来源：https：//image.baidu.com）

三、智慧场馆技术

当代，在 5G、物联网、大数据、人工智能等数字信息技术快速发展的背景下，体育场馆从"智能"走向"智慧"。智能场馆阶段的核心是在智能建筑框架下的硬件设施建设；而智慧场馆阶段，随着技术的迭代与升级，进一步衍生出了各种服务形式，在智慧交通、智慧安全、智慧管理、智慧运维、智慧观赛等多方面推动了场馆的发展与变革，不但使场馆自身的管理与运维更加系统、高效，还使场馆与城市、场馆与人的联系更加紧密，真正构成了"环境—建筑—人三位一体的动态适应性系统关系"。

智慧场馆是运用物联网、云计算、大数据、空间地理信息集成等新一代信息技术，促进场馆规划、建设、管理和服务智慧化的新理念和新模式。从技术发展的视角看，智慧场馆建设要求通过以移动技术为代表的物联网、云计算等新一代信息技术应用实现全面感知、泛在互联、普适计算与融合应用。它好比使场馆拥有了"神经系统"，使场馆可以及时获取环境和使用者信息，及时做出分析和反应，极大地提高了场馆的动态适应能力。

例如，2022年北京冬奥会冰壶比赛馆"水立方"，为满足比赛期间对比赛厅的热湿环境控制，同时兼顾冬奥会后日常赛事、重大活动的运行需求，以及为群众提供冬夏两季的健身活动场所，场馆采用了群智能技术，通过该技术实现了控制系统的自组织、自适应、自调节、持续优化。结合群智能技术，通过遍布在水立方中的各种室内环境传感器的数据采集、各个区域的全空气系统运行参数、各个送排风机的启停状态以及各个出入口的开启情况，采用场馆模型等建模分析，综合分析识别场馆中气流场的动态变化。在此基础上，进一步调节各暖通设备运行状态，从而保证不同运营模式下场馆各个区域的环境品质，同时提高整个冷热源和空调系统的综合运行效率，实现安全管理和节能降耗。

智慧体育场馆，场馆是载体，设备是硬件基础，数据是核心，"智慧"是灵魂。从狭义方面，智慧体育场馆体系架构主要包括运维管理和运营管理两大平台。运维平台主要是场馆内设备设施、能源、安全、专项赛事的管理平台；运营平台主要是对经营活动提供服务与管理。运维管理平台包括"设备设施管理模块""能源管理模块""安全管理模块""体育专项集成管理模块"等；运营管理平台主要包括"运营系统""交通辅助系统""观赛辅助系统等"（图5-48）。从广义方面，智慧体育场馆是智慧城市的有机组成部分，在"互联网+"的背景下，在智慧城市的宏观体系建设中，智慧体育场馆应与智慧城市集约建设、统筹发展。例如，武汉在举办2019年第七届世界军人运动会的场馆建设中，基于武汉市智慧城市建设成果，本着"以人为本，智慧参与"的理念，充分利用城市在"互联网基础设施""智慧消防""智慧交管""智慧安保"等方面的资源进行智慧场馆建设，有力地保障了大型综合运动会的顺利进行，同时也推动了武汉智慧城市的进一步完善于发展（图5-49）。

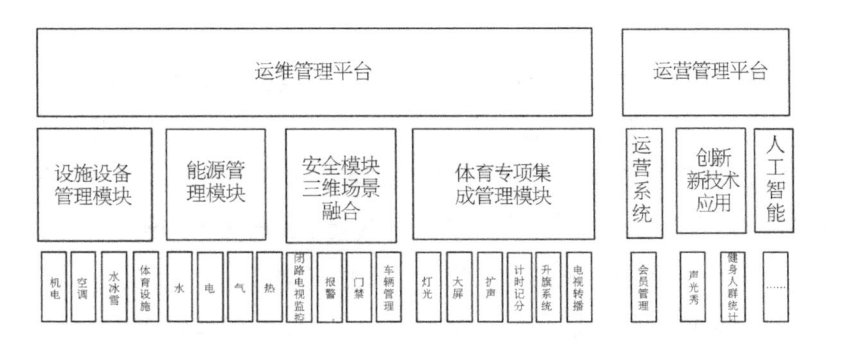

图5-48 智慧体育场馆系统架构图

（图片来源：徐永清，基于大数据的智慧体育场馆规划的探讨．智能建筑，2018（10））

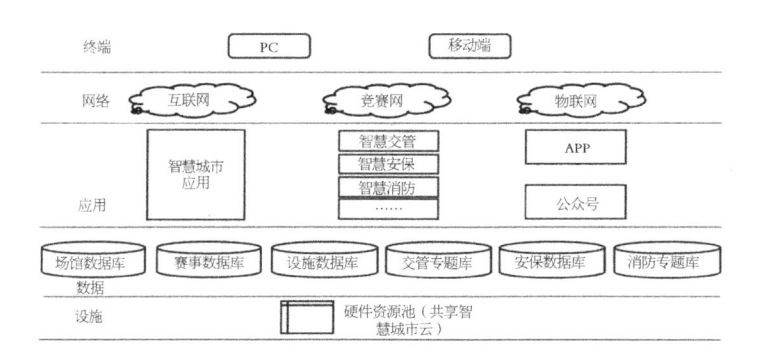

图 5-49　"互联网＋"背景下智慧场馆和智慧城市集约建设

（图片来源：陈晓静，杨俊峰，"互联网＋"背景下武汉市智慧城市与智慧体育场馆建设研究，智能建筑，2018（10））

　　智慧场馆技术使体育场馆由无机体向能够自动感知应激、进行分析、自调节、自适应的有机体方向发展，是使建筑由"死"变"活"，实现了高层次的动态适应的技术保障，是当代体育场馆动态适应性设计技术的重点发展方向之一，将对体育场馆实现全方位、高水平的动态适应发挥重要作用。

第三节　体育场馆动态适应性设计技术集成应用

　　以上分别列举了体育场馆的一些动态适应性设计技术，然而在实际的技术应用和设计实践过程中，技术只是制约建筑的影响因素之一。环境、空间、功能、形象以及经济、文化等因素影响着技术应用的实际效果。同时，不同技术之间也存在着协调或矛盾等多种相互关系。建筑是一个整体，多项技术的应用最终要追求最佳的整体效益。因此，对动态适应性设计技术进行科学的整合，实现技术与其他建筑要素以及技术与技术之间的互相协同，是技术选择与应用过程中的一项重要工作。在实际的技术整合过程中要注意以下几个方面：

一、技术应用的整体性

　　建筑是一个整体，技术应用的整体性是指技术的选择和应用必须服从于建筑的整体性要求，与建筑功能、空间、形象以及周边环境要素相统一，综合考虑各方面的要求，达到整体的和谐。例如，让·努维尔设计的巴黎阿拉伯研究中心，其智能化幕墙系统通过计算机控制的上千个快门一样的光线自动调节装置，可以根据自动传感器感应的环境信息自动调节幕墙的光、热通过量，不但具有良好的生态节能功能，还表现出了伊斯兰建筑文化的独特风格，是现代技术与地域文化的高度统一。

二、技术应用的系统性

任何一项技术的应用都不是孤立的，一座体育场馆的设计建设往往需要多种不同类型技术的综合应用，它们之间彼此关联构成一个复杂的系统。技术应用的系统性就是指在技术应用的过程中应该注意不同技术之间的相互关系，实现有机共生、互相配合。

例如，日本琦玉县体育场，其楼座结构的整体移动技术不但与结构技术有关，还需要计算机智能控制技术、机械驱动技术、管线耦合技术等多项技术的支持。札幌穹顶空间的灵活应变是靠可动座席技术、立面开启技术、场地移动技术和灯光控制技术等多项技术的有机配合实现的。德国斯图加特园艺中心，将太阳能技术与遮光系统相整合，彼此取长补短，达到了事半功倍的效果。其南向的玻璃顶界面上安装了光电 PV（Photo-Voltaic）板，通过将太阳能技术与建筑设计相结合的方式可以适时调整外界面的功能属性。夏天玻璃顶上的 PV 板可以反转来充当遮阳装置，减少阳光对室内的直射，同时将截取的辐射转化为电能；冬天可以通过调整 PV 板的角度和间距来获得相应的自然采光，使得建筑界面能够顺应气候变化高效的利用环境要素（图 5-50）。

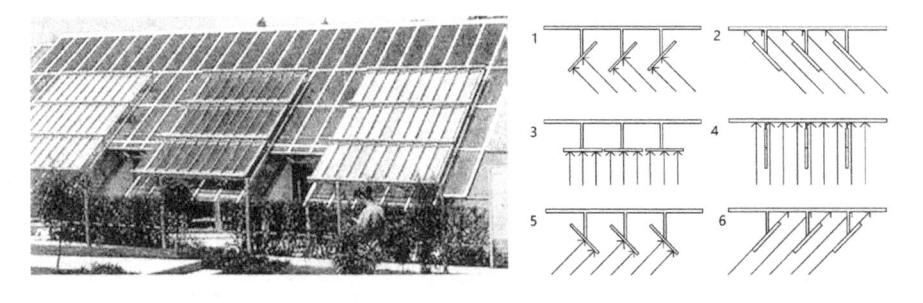

图 5-50　斯图加特园艺中心的可调太阳能光电系统

（图片来源：Klaus Daniels．The Technology of Ecological Building．Berlin.Birkhauser，1997）

三、技术应用的适宜性

技术有不同种类，而在实际的应用过程中不能片面地为了技术而技术，应该从技术应用的目标和实际效果出发，注重技术应用的适宜性。技术应用的适宜性是指在技术的选择方面根据建筑所处的经济、技术、环境条件选择合适的技术形式，以求达到成本和效益的平衡。适宜技术看重的是技术的成熟可靠和经济合理。不论是高技术还是低技术，只要符合实际情况、满足实际要求就具有适宜性，可以加以应用。

E.R. 舒马赫（Schumacher）在他的著作《小的是美好的》一书中，提倡注重技术的适宜性。依据他的理论，一种技术的发展和普及与一个社会或地区能够接受这种技术的能力有关系，任何低于或者高于这种能力的技术选择都会对社会或者地区的正常发展带来不利的影响。因此所谓技术的"适宜性"就是提倡选择应用符合地方特殊条件的技术，而不是不顾客观环境的限制去一味地追求所谓"高新技术"。

前悉尼奥运会首席执行官桑迪·豪威先生说："科技在以往的奥运会中已被广泛运用，但是其中也存在着风险。"豪威先生在给北京奥运会提出的三条建议中指出：第一，采用雅典使用过的可靠的中央系统；第二，在能力允许的范围内有选择地展示先进技术；第三，注意前沿科学与实际相结合以及在实际中的运用。不难看出"注重现实、实事求是"是豪威先生建议的核心思想。动态适应性设计技术应根据各地区不同的经济条件、自然环境、社会需求和技术水平，遵循适宜的原则合理选用，片面地追求高技术或低造价均不可取。

四、技术应用的相对性

技术的应用是为了更好地发挥场馆的功能，提高场馆的综合效益，降低场馆运营能耗。因此，应注重技术的实际功效，选择性能好、效率高的应用技术。技术的相对高效性是指在技术的投入和产出之间，单位的投入可以产出更高的能效——即强调技术的性价比。以活动座席为例，活动座席比单个固定座席要贵一些，但通过活动座席的推拉可以实现比赛场地的多功能使用，同时还可以大量增加场地的有效利用面积，综合效益得以大幅度提升。而固定座席变为可动座席所增加的投入只占总造价的不到10%，可谓事半功倍。相反，目前国内有些地区在经济条件、技术水平都不适合的情况下盲目建设大型开合屋盖体育场，投资巨大而年均使用频率不高，还增加了场馆维护成本。当前，我国经济社会发展仍面临多重挑战，"建设节约型社会"是一个应该长期坚持的系统工程。落实到体育场馆建设领域，倡导在合理投入的情况下，最大限度地发挥体育场馆的功能效益，在技术的整合与应用过程中强调相对高效性是动态适应性设计过程中技术应用的基本准则。

五、技术应用的开放性

当代技术日新月异，发展迅速，不断有新技术、新材料涌现，技术更新的速度和频率明显加快。技术应用的开放性是应对这种局面的有效途径，它是指目前技术的应用要为未来的更新和改造留有余地，新老技术之间应彼此具有"接口"和相容性，使新技术可以不断充实进来。例如，前文提到的智慧体育场馆系统，就应该能够随着软件和硬件的升级而对系统进行不断更新。场馆的一些活动设施和临时设施，也应该能够不断地进行循环和更新，这也是技术灵活性和应变能力的一种体现。

体育场馆动态适应性设计技术的应用与整合是一项复杂而综合的工作，要得到良好的整合效果，要求建筑、结构、设备等方面的技术设计人员摆脱各自业务范畴的局限，在上述原则的基础上进行多学科、多领域的交流与合作。而这也正是动态适应性设计方法和设计程序所提倡的，是动态适应性设计技术应用工作的重点。

第四节　体育场馆动态适应性设计技术发展展望

一、多样化与集约化

体育场馆的动态适应性设计技术是由多项技术组成的综合体系，随着技术能力的不断提高各相关技术向多样化、纵深化发展。其技术体系不断丰富，技术领域不断扩展，原有的传统技术、固定技术也逐步向动态适应性技术转化。以空间应变技术为例，它已从座席、隔断等个别单项技术发展为包括结构、构造、设备设施、材料等多方面和主体空间、辅助空间、附属空间所有的建筑部位的多学科交叉的综合性技术体系。随着体育场馆空间灵活化需求的不断扩大，这类技术具有巨大的发展潜力，还将持续地丰富、发展。生态节能技术和智慧场馆技术更是现代建筑创新的焦点，新技术、新发明不断涌现，不断地充实着现有的技术手段。

另外，各种技术之间的整体性和关联性加强，表现出多种技术有机融合的集约化发展趋势。建筑技术之间合理搭配、互相配合，由局部应变向整体应变发展。各专业之间彼此交叉，并通过系统的整合，应用数字信息技术平台，实现对人、财、物和能源的高效利用。技术应用的性价比、投入与产出的合理性越来越受到重视。从前面的技术实例可以看出，各种新兴的高科技技术手段，如开合屋盖、整体移动草坪等都是建筑技术、机械技术与智能控制技术等多项技术的集成，并越来越注重生态环保作用。多样化与集约化相统一，将使动态适应性设计技术逐步向高层次、高水平发展。

二、地域化与标准化

建筑技术受地域的限制，具有承接和延续地方特色的重要使命。同时，从全寿命周期的角度分析，应用地域材料、发展符合地域气候、地质、资源和环境等特点的建筑技术，能够有效地减少技术应用的成本、降低资源消耗，有效地适应地域环境条件，符合可持续发展的大趋势。因此，当代人们在反思国际化所造成的地域特色丧失、千篇一律、环境破坏等不良后果的同时，地域化受到越来越多的关注。技术创新注重与地域环境相契合、强化地方传统技术革新等技术发展的地域化倾向愈加明显。例如，在生态节能技术中针对地域气候的独特条件，注重地域材料的应用，开发适应地域环境的独特建筑构造和创造具有地域特色的技术美学表现形式等，已经成为当代建筑技术创新过程中所关注的重要方面。

在重视地域性的同时与国际接轨、实现标准化也是我国体育场馆技术发展需要重视的问题。当代体育运动已经是一项国际性、全球性的巨大产业。应用世界通行的规范和标准，得到国际相关机构的认可与认证，是体育场馆水准的标志，也是制约其功能效益发挥的重要方面。2008 年北京奥运会之后，我国体育设施在与国际接轨的道路上取得了巨大的进步，但引进和应用国外技术多，被国际认可的具有自主知识产权的创新技术少。因此，在我国体育场馆未来的发展道路上，应更加重视标准体系的建设和与国际标准的对标。只有实现标准化，技术才能够被国际承认，获得更加广阔的生存空间。技术的地域化和标准化并重体现了体育场馆动态适应性设计中"个性"和"共性"的辩证统一。

三、生态化与智慧化

生态与智慧是现代建筑技术发展的两大主题。当代中国社会正处于由工业社会向信息社会转变的过程当中，其技术核心也由机械技术向生态、智慧技术发展。

首先，面对能源危机、自然生态环境恶化的局面，生态可持续发展问题已经成为当代全人类必须共同应对的重要问题。建筑业作为资源消耗的大户，更是责无旁贷。随着国际建筑业生态化倾向的日益增强，对生态建筑技术的要求也越来越迫切，生态化已作为一种趋势，成为体育场馆动态适应性设计技术的重要发展方向。技术的生态化强调：技术并非是人类强迫对自然进行剥夺和对抗的手段，而应运用生态学原理，通过生态整体性思维来改变传统的技术观念，努力寻求技术与自然生态环境的和谐共生。这本身就是动态适应性设计所追求的目标之一，理所当然的也是动态适应性设计技术的发展重点之一。

其次，信息技术与人工智能为当代社会带来了革命性的发展。人们的工作和生活与数字信息密不可分，数字信息技术在改变人们生活方式和工作习惯的同时，也对传统建筑提出了挑战。智慧建筑能为人们提供更加安全、舒适、高效、健康的工作和生活环境，是建筑发展的必然趋势。对于始终处于建筑技术前沿的体育场馆而言，智慧体育场馆已成为体育场馆发展的趋势之一。体育场馆正在向生产信息、收集信息、处理信息、传输信息和自动控制的智慧化多媒体中心发展。

生态技术和智慧技术本来就是动态适应性设计技术的有机组成部分，随着他们的发展壮大和与其他技术的融合，体育场馆将由机械应变向智慧应变、由人工应变向自动应变发展，建筑将由他组织的无机体系向具有一定自组织性的"半生命系统"转化。技术的生态化和智慧化是实现高级动态适应的必由之路，它为体育场馆的动态适应性设计提供了广阔的发展前景。

四、广义人性化

技术是人类发明创造的，为人类服务的物质手段，是一种包含人类智慧的物质力。技术的人性化是指技术的应用和发展以人为中心，顺应人的基本生理、心理、行为和文化特质，符合人类的生活需求。技术只有具有人性化，才能更好地满足人的各方面使用要求，高质量的适应未来的社会发展。广义人性化提倡个体需求与整体需求相统一，人与环境相协调——技术不但要符合个体人的生理和心理特点，满足个体的舒适性需求，还要照顾人群的整体利益，发挥对整个人类的生存和可持续发展的辅助作用。

从个体来讲，人性化一方面体现在高质量的满足人的物质需求，如技术设计满足人体工程学原理、为观众提供全面的和具有个性化的服务、创造舒适宜人的室内环境等；另一方面，技术的人性化还体现在注重人的精神需求，如重视空间氛围的营造，以渲染情绪、激发情感，增强参与者的精神体验，注重文化内涵和艺术审美的表现等。人性化的技术要求技术不但要具有物质性还要具有情感性，达到高技术与高情感的统一。

从整体来讲，技术的发展将不再是为了技术而技术，它将转变过去与环境相对立的角色，服务于人类与环境和谐发展的新局面。技术的应用将不只是考虑对其直接使用者的功效，还要同时兼顾对其他人乃至全人类的影响。这也正与前面提到的生态化和可持续发展的科技发展趋势不谋而合。海德格尔认为技术并非单纯的中介手段，它还涉及人与自然的根本关系问题。它不应强化人与物质世界、人与人之间的对立，而应起到使整个人类社会以及与外界物质环境之间对立统一的作用。

本章小结

　　技术对于现代建筑的发展具有重要的影响作用，微观的技术研究是实现体育场馆动态适应的基础，因此，必须注重对已有技术的总结和新技术的研发。体育场馆的动态适应性设计技术体系是一个包含空间应变技术、生态节能技术和智慧场馆技术在内的综合系统。随着社会的发展，各项技术水平在不断提高、新技术在不断涌现，使场馆的空间属性发生了巨大变化，动态适应能力得到了空前提升。同时，在技术的应用过程中，必须注重优化整合。在整体、系统、适宜、高效和开放的原则下科学合理地处理好技术与环境、技术与功能、技术与艺术以及不同技术之间的关系，充分发挥技术的作用，最大限度地促进场馆动态适应性地发挥，延长建筑的生命周期，提高综合效益。动态适应性设计思想认为只有全面了解技术的现状、把握技术的发展趋势，并且树立正确的技术观，才能合理地应用技术，使技术真正成为协调人与建筑、建筑与环境关系，实现人、建筑、环境辩证统一的媒介与手段。

参考文献

[1]　马国馨. 第三代体育场的开发和建设 [J]. 建筑学报，1995（5）.

[2]　Kazuo Ishii.　Structural Design of Retractable Roof Structures，2000.

[3]　TSA/ 美国雅拉利桑那州金丝雀多功能体育设施 [J]. 世界建筑，2004（1）.

[4]　郭红雨. 我国 21 世纪游泳馆建筑设计研究与展望 [D]. 重庆：重庆大学博士论文，2001.

[5]　邢永杰. 能源技术与奥运建筑 [J]. 建筑知识，2003（8）.

[6]　徐永清 . 基于大数据的智慧体育场馆规划的探讨 [J]. 智能建筑，2018（10）.

[7]　吴涛，曹菲菲等 . 智慧体育场馆的建设与运营 [J]. 智能建筑，2020（02）.

[8]　罗鹏，梅季魁. 大型体育场馆动态适应性设计框架研究 [J]. 建筑学报，2006（5）.

[9]　刘原平. 试论 21 世纪建筑的发展趋势 [J]. 科技情报开发与经济，2001（4）.

[10]　孟刚. 人性、技术及建筑的人性化 [J]. 建筑科学，1998（3）.